電子回路演習シリーズ *1*

演習 オペアンプ回路

丹 野 頼 元 著

森北出版株式会社

まえがき

オペアンプは，アナログコンピュータ用演算増幅器として開発された高利得の差動増幅器である．外部に接続するインピーダンスの種類によって増幅・積分・微分などのいろいろな機能をもたせることができ，また値段も相当安いので，電子回路設計における基本素子として広く利用されている．

オペアンプは，数多くのトランジスタが IC 化されて作られたものであるが，オペアンプ回路においては 1 個の電子デバイスとしてふるまっている．そこで，オペアンプ回路を理解するためには，オペアンプを電子デバイスとしてどのように扱うかを知ることが重要である．

本書は，オペアンプ回路を解析し，あるいは設計する場合に必要な基礎的知識を理解するためにまとめられたオペアンプ回路の演習書である．全体は 5 章よりなり，オペアンプ回路に関する基本的例題を取り扱っている．まず，第 1 章においては，オペアンプの基礎を扱っている．理想的および非理想的オペアンプについて，各種増幅器の利得・入力抵抗・出力抵抗などを求めている．第 2 章は，オペアンプの特性に関する例題を解いている．第 3 章以降は，いろいろな機能を有するオペアンプ回路を解析している．第 3 章では線形回路，第 4 章では非線形回路，そして第 5 章ではアクティブフィルタに関する例題を扱っている．

各章では，いずれも基礎的な問題が例題として取り上げられ，回路動作の物理的意味を理解して関係式を誘導するように配慮されている．同時に，具体的な数値を用いて計算し，実際的な電気量に慣れるようにされている．

本書が，これから電子回路を勉強しようとする大学・高専の学生あるいは若い技術者諸君に役立つことを期待している．筆者の力不足のため，思わぬ誤りをおかしているところがあるかも知れない．読者の方々のご批判，ご叱正を賜われば幸いである．

本書を執筆するにあたり，内外の多くの著書ならびに論文を参考にさせていただいた．これらの著者に深く感謝する．また，本書の発行に当たってお世話になった森北出版（株）編集部長太田三郎氏をはじめとする関係者の方々，ならびにお手伝いいただいた牧野雅行氏に厚く御礼申し上げる次第である．

1982 年 8 月

著　者

目　　次

記　号　表

A	電圧利得
A_{cm}	同相利得
A_{fb}	閉ループ利得
A_{fbl}	低周波閉ループ利得
A_{l}	低周波開ループ利得
A_{0l}	開ループ利得
C	キャパシタンス
C_{c}	補償用キャパシタンス
CMRR	同相除去比
E	誤差電圧
E_{i}	入力換算誤差電圧
f	周波数
f_{1}	しゃ断周波数
i	電　流
I_{B}	バイアス電流
I_{ES}	エミッタ・ベース飽和電流
I_{0S}	入力オフセット電流
I_{S}	ダイオードの逆飽和電流
K	ボルツマンの定数
Q	電　荷
R	抵　抗
R_{c}	補償抵抗
R_{i}	オペアンプの入力抵抗
R_{if}	帰還のある場合の入力抵抗
R_{l}	負荷抵抗
R_{0}	オペアンプの出力抵抗
R_{0f}	帰還のある場合の出力抵抗
S	スルーレート
t	時　間
T	絶対温度
V_{BE}	エミッタベース電圧
V_{D}	ダイオード電圧
v_{i}	オペアンプの交流差動入力電圧
V_{i}	オペアンプの直流差動入力電圧
v_{n}	オペアンプの交流反転入力電圧
v_{0}	オペアンプの交流出力電圧
V_{0}	オペアンプの直流出力電圧
V_{0s}	入力オフセット電圧
v_{p}	オペアンプの非反転入力電圧
v_{1}	入力電圧
V_{Z}	ツェナ電圧
β_{f}	帰還係数
θ	位相角

オペアンプの基礎 1

1・1 オペアンプ

オペアンプは，一般に差動入力の直接結合増幅回路が IC 化された高利得電圧増幅器である．もともとアナログコンピュータの基本的機能素子として使用されてきた高性能の直流増幅器であるが，多目的に使える特徴が着目されて早くから IC 化がすすめられてきた．直流から数 MHz 程度までの増幅器としてはもちろんのこと，適当な素子を付加して多様な機能を実現できるので広く利用されている．

代表的オペアンプは図1・1に示すように2つの入力端子と1つの出力端子のほかに，周波数補償回路・直流平衡回路および電源を外付して使用される．これを回路図に描く場合には，通常，図1・2に示すような回路記号で表される．

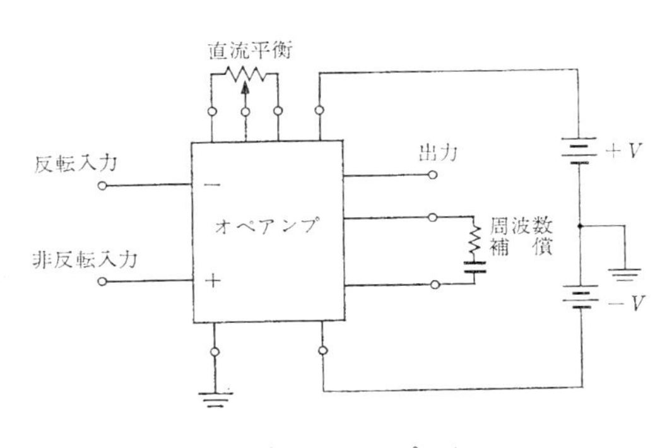

図 1・1　オペアンプ回路

理想的オペアンプは次のような性質を有する．

（1）　利得無限大

（2）　帯域幅無限大

（3）　2入力端子間および各端子と共通端子間の入力インピーダンス無

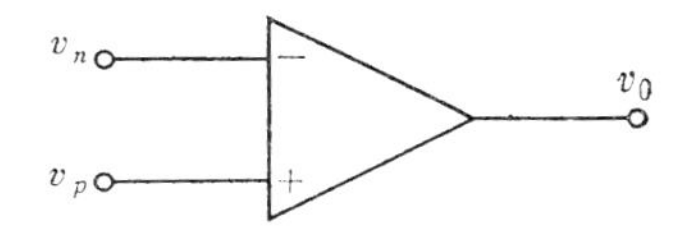

図 1・2　オペアンプの回路記号

限大

(4)　出力電流駆動容量無限大

(5)　出力インピーダンス零

(6)　入力電圧オフセット零

(7)　入力電流零

(8)　完全に共通モードを除去して真の差動増幅のみを行う.

(9)　上記 (1)〜(8) が全温度領域にわたり成立する.

実際のオペアンプはこれと多少異なるが，大体この条件に近い特性を示している．この場合に図 1･3 の等価回路が使用される．

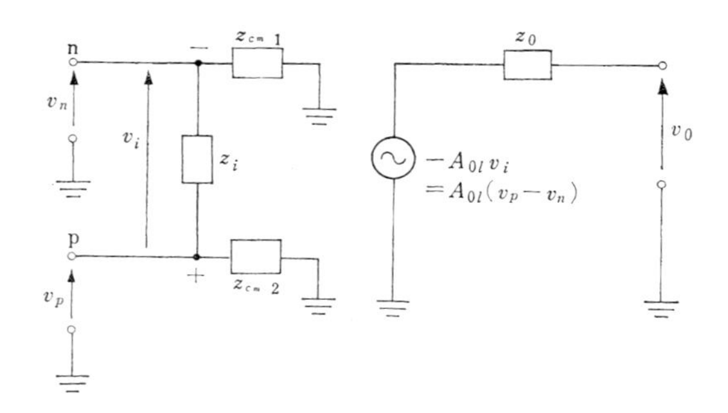

図 1･3　オペアンプの等価回路

【例題 1･1】　オペアンプの特徴を述べよ.

【解】　(1)　高い電圧利得を有する.

(2)　反転増幅・非反転増幅あるいは差動増幅が可能である.

(3)　入力インピーダンスが高い.

(4)　出力インピーダンスが低い.

(5)　直流オフセットが最小にされている.

(6)　温度補償されている.

(7)　大きい負帰還をかけて，高周波特性を改善している.

(8)　出力段は，きめられた最大電流を供給する.

(9)　差動入力の場合，良好に同相分を除去する.

【例題 1･2】　実際のオペアンプの特性は，理想的オペアンプの特性とどの程度異なるか調べよ.

【解】

特　　　性	理想オペアンプ	実際のオペアンプ
オフセット電圧	0　V	0.5～5 mV
オフセット電流	0　A	1 nA～10 μA
温度によるオフセット電圧のドリフト	0　V/°C	1～50 μV/°C
バイアス電流	0　A	1 nA～100 μA
入力抵抗	∞　Ω	10 kΩ～1 000 MΩ
帯域幅	∞　Hz	10 kHz～2 MHz
出力電流	電源容量	1～30 mA
同相除去比	∞　dB	60～120 dB
立上り時間	0　秒	10 ns～10 μs
スルーレート	∞　V/s	0.1～100 V/μs
電圧利得	∞	10^3～10^6
電源電流	0　A	0.05～25 mA

【例題 1・3】 図 1・1 のオペアンプにおいて

$$+V = 15\ \mathrm{V}, \quad -V = -15\ \mathrm{V}$$

であり，また出力電圧の正の上限値 $+V_{\mathrm{sat}}$ と負の下限値 $-V_{\mathrm{sat}}$ がそれぞれ

$$+V_{\mathrm{sat}} = +13\ \mathrm{V}, \quad -V_{\mathrm{sat}} = -13\ \mathrm{V}$$

である．開ループ利得 $A_{0l} = 200\,000$ の場合に，他は理想的状態であると仮定して共通端子に対して与えられている次の入力電圧のそれぞれについて，出力電圧 V_0 の大きさと極性を求めよ．

	反転入力端子の電圧 V_n	非反転入力端子の電圧 V_p
(a)	−10 μV	−15 μV
(b)	−10 μV	+15 μV
(c)	−10 μV	−5 μV
(d)	+1.000001 V	+1.000000 V
(e)	+5 mV	0 V
(f)	0 V	+5 mV

【解】 出力電圧 V_0 は，非反転入力端子の電圧 V_p と反転入力端子の電圧 V_n との差 V_i の A_{0l} 倍で与えられる．すなわち，

$$V_0 = V_i \times A_{0l}$$

ただし，$V_i = V_p - V_n$

もし，$V_i \times A_{0l}$ が $+V$ あるいは $-V$ を超すと，V_0 は $+V_{\mathrm{sat}}$ あるいは $-V_{\mathrm{sat}}$ で抑えられる．計算結果は，次のようになる．

	V_i	V_0
(a)	$-5\ \mu V$	$-5\ \mu V \times 200\,000 = -1.0$ V
(b)	$+25\ \mu V$	$25\ \mu V \times 200\,000 = +5.0$ V
(c)	$+5\ \mu V$	$5\ \mu V \times 200\,000 = +1.0$ V
(d)	$-1\ \mu V$	$-1\ \mu V \times 200\,000 = -0.2$ V
(e)	-5 mV	$-13\ V = -V_{sat}$
(f)	$+5$ mV	$+13\ V = +V_{sat}$

1・2 反転増幅器

図1・4に示すように，反転端子に入力を加え非反転端子を接地した増幅回路を反転増幅器 (inverting amplifier) という．反転増幅器の出力電圧は，入力電圧の位相よりも 180 度遅れる．オペアンプの開ループ利得を A_{0l}，入力抵抗を R_i，出力抵抗を R_0 とすると，図1・4の回路は図1・5の等価回路で書き表される．

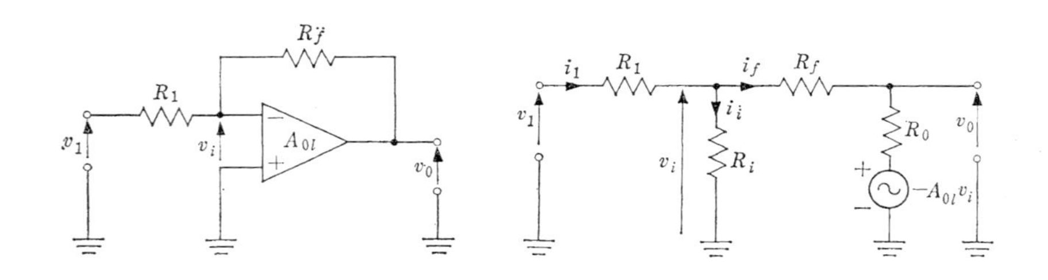

図 1・4　反転増幅器　　図 1・5　反転増幅器の等価回路

この回路の電圧利得 A_{fb} は，R_i が無限大であり R_0 が0であると仮定されると，次式で与えられる．

$$A_{fb} = \frac{v_0}{v_1} = -\frac{A_{0l}R_f}{R_1 + R_f + A_{0l}R_1} \qquad (1 \cdot 1)$$

A_{0l} が非常に大きいと，A_{fb} は

$$A_{fb} = -\frac{R_f}{R_1} \qquad (1 \cdot 2)$$

と近似され，また入力抵抗 R_{if} は

$$R_{if} = R_1 \qquad (1 \cdot 3)$$

で与えられる．

一方，反転増幅器は一種の負帰還増幅器と考えられる．負帰還増幅器の利得は，一般に次式で表される．

$$A_{fb}=\frac{A_0}{1-A_0\beta} \tag{1・4}$$

ここに A_0 は帰還のない場合の利得であり，β は帰還係数である．式（*1・1*）を書き直すと

$$A_{fb}=-\frac{A_{0l}\left(\dfrac{R_f}{R_1+R_f}\right)}{1+\dfrac{A_{0l}R_f}{R_1+R_f}\left(\dfrac{R_1}{R_f}\right)}$$

となるので，図1・4を負帰還増幅器として考えたときの A_0 および β は次のようになる．

$$A_0=-A_{0l}\frac{R_f}{R_1+R_f} \tag{1・5}$$

$$\beta=\frac{R_1}{R_f} \tag{1・6}$$

【例題 1・4】 図1・4の反転増幅器において，$R_1=20\,\mathrm{k\Omega}$ および $R_f=400\,\mathrm{k\Omega}$ である．オペアンプが理想的であるとして，この回路の電圧利得 A_{fb} を求めよ．

【解】 オペアンプの入力インピーダンスは大きいので，入力電流は流れないと仮定できる．したがって，図1・4の回路について，次式が成り立つ．

$$\frac{v_1-v_i}{R_1}+\frac{v_0-v_i}{R_f}=0 \tag{1・7}$$

$$v_i=\frac{v_0}{-A_{0l}} \tag{1・8}$$

式（*1・7*）は，次のように書き直される．

$$\frac{v_1}{R_1}+\frac{v_0}{R_1A_{0l}}+\frac{v_0}{R_f}+\frac{v_0}{R_fA_{0l}}=0 \tag{1・9}$$

これを v_0 について解くと

$$v_0=-\frac{v_1(R_f/R_1)}{1+\left(\dfrac{1}{A_{0l}}\right)\left(1+\dfrac{R_f}{R_1}\right)} \tag{1・10}$$

となる．A_{0l} は少なくとも 10^5 の大きさはあり，また R_f と R_1 は同じ程度の大きさに選ばれるので

$$A_{0l} \gg \left(1+\frac{R_f}{R_1}\right) \tag{1・11}$$

の関係を満足する．したがって，式（*1・10*）は次のように近似できる．

$$v_0 = -\frac{R_f}{R_1}v_1 \tag{1・12}$$

これより反転増幅器の利得 A_{fb} は，次式で与えられる．

$$A_{fb} = -\frac{R_f}{R_1} \tag{1・13}$$

すなわち，反転増幅器の利得は負であり，抵抗 R_1 と R_f のみによって決定されて A_{0l} には無関係である．

与えられた抵抗値を式（*1・13*）に代入すると

$$A_{fb} = -\frac{400\,\mathrm{k\Omega}}{20\,\mathrm{k\Omega}} = -20$$

となる．ここに負号は，入力と出力との位相が180度違うことを意味している．

【例題 1・5】 図1・4の反転増幅器において，次の量を計算せよ．

（a）　$R_1 = 10\,\mathrm{k\Omega}$，$A_{fb} = -20$ の場合に R_f の値はいくらになるか．

（b）　$R_f = 1\,\mathrm{M\Omega}$，$A_{fb} = -40$ の場合に R_1 の値はいくらになるか．

【解】 式（*1・13*）に与えられた数値を代入して，求める値を得ることができる．

（a）　$R_f = -A_{fb}R_1 = 20\times10\times10^3 = 200\,\mathrm{k\Omega}$

（b）　$R_1 = \dfrac{R_f}{-A_{fb}} = \dfrac{10^6}{40} = 25\,\mathrm{k\Omega}$

【例題 1・6】 図1・4の反転増幅器において，$R_1 = 20\,\mathrm{k\Omega}$，$R_f = 1\,\mathrm{M\Omega}$ および $A_{0l} = 50{,}000$ である．この回路の実際の閉ループ利得を求めよ．

【解】 式（*1・10*）から閉ループ利得 A_{fb} は，次式で与えられる．

$$A_{fb} = -\frac{R_f/R_1}{1+\dfrac{1}{A_{0l}}\left(1+\dfrac{R_f}{R_1}\right)} \tag{1・14}$$

この式に与えられた数値を代入して

$$A_{fb} = -\frac{10^6/20\times10^3}{1+\dfrac{1}{5\times10^4}\left(1+\dfrac{10^6}{20\times10^3}\right)} = -49.95$$

となる．A_{0l} がかなり大きいので，式（*1・13*）の近似式で与えられる $A_{fb} \fallingdotseq -R_f/R_1 = -50$ に非常に近い値となっている．

【例題 1・7】 図1・4の反転増幅器において，$A_{0l} = 10\,000$，$R_1 = 20\,\mathrm{k\Omega}$ および $R_f = 2\,\mathrm{M\Omega}$ である．オペアンプの出力抵抗 $R_0 = 3\,\mathrm{k\Omega}$ のとき，この回

路の実効出力抵抗 R_{0f} を求めよ．ただし，R_i は無限大とする．

【解】 図1・4の回路の出力インピーダンスは，入力信号源を短絡して出力端子より内部を見たインピーダンスとして求められる．オペアンプの入力抵抗は無限大であるので，出力抵抗を求めるための等価回路は図 1・6 のようになる．この等価回路より，次式が得られる．

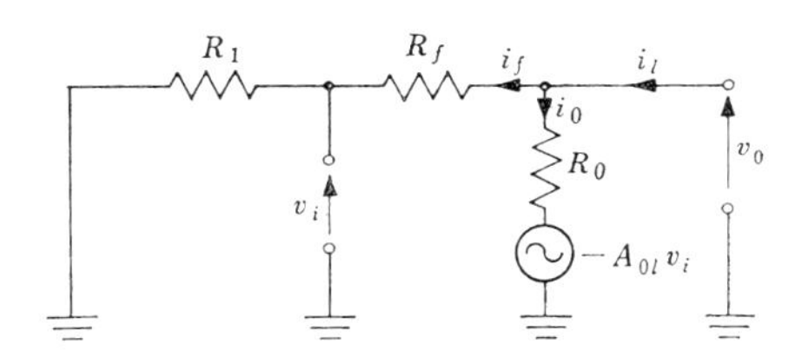

図 1・6 反転増幅器の出力インピーダンスを求める等価回路

$$v_i = \frac{R_1}{R_1+R_f}v_0 \qquad (1 \cdot 15)$$

$$i_0 = \frac{v_0-(-A_{0l}v_i)}{R_0} \qquad (1 \cdot 16)$$

$$i_l = i_0+i_f \qquad (1 \cdot 17)$$

式（*1・15*）を式（*1・16*）に代入して

$$i_0 = \frac{v_0+A_{0l}\dfrac{R_1v_0}{R_1+R_f}}{R_0} \qquad (1 \cdot 18)$$

を得る．$i_f \fallingdotseq 0$ と近似すると $i_l \fallingdotseq i_0$ となるので，式（*1・18*）より出力抵抗 R_{0f} は次式のようになる．

$$R_{0f} = \frac{v_0}{i_l} \fallingdotseq \frac{R_0}{1+A_{0l}\dfrac{R_1}{R_1+R_f}} \qquad (1 \cdot 19)$$

この式に与えられた数値を代入して計算すると，出力抵抗は次のようになる．

$$R_{0f} = \frac{3\,\mathrm{k\Omega}}{1+10^4\times\dfrac{20\,\mathrm{k\Omega}}{2\,000\,\mathrm{k\Omega}+20\,\mathrm{k\Omega}}} = 30\,\Omega$$

【例題 1・8】 図 1・4 の反転増幅器において，$A_{0l}=10\,000$，$R_1=20\,\mathrm{k\Omega}$ および $R_f=2\,\mathrm{M\Omega}$ である．オペアンプの入力抵抗 R_i が $R_i=200\,\mathrm{k\Omega}$ であるとき，この回路の実効入力抵抗 R_{if} を求めよ．ただし，$R_0=0$ とする．

【解】 図 1·4 の反転増幅器は出力抵抗 R_0 が零であるので，図 1·5 の等価回路において $R_0=0$ と書き表される．この回路にキルヒホッフの法則を適用すると，次式が得られる．

$$v_1 = i_1 R_1 + i_i R_i \tag{1·20}$$

$$v_1 + A_{0l} v_i = i_1 R_1 + (i_1 - i_i) R_f \tag{1·21}$$

$$v_i = i_i R_i \tag{1·22}$$

式 (1·21)，(1·22) より

$$v_1 = i_1 (R_1 + R_f) - i_i (A_{0l} R_i + R_f)$$

を得るので，これより i_i を求めると

$$i_i = \frac{i_1 (R_1 + R_f) - v_1}{A_{0l} R_i + R_f}$$

となる．これを式 (1·20) に代入して整理すると，次のようになる．

$$v_1 = i_1 R_1 + R_i \frac{i_1 (R_1 + R_f) - v_1}{A_{0l} R_i + R_f}$$

すなわち

$$v_1 (A_{0l} R_i + R_f + R_i) = i_1 (R_1 A_{0l} R_i + R_1 R_f + R_1 R_i + R_i R_f)$$

この式より入力抵抗 R_{if} は

$$R_{if} = \frac{v_1}{i_1} = R_1 + \frac{R_i R_f}{A_{0l} R_i + R_f + R_i} = R_1 + \frac{R_f}{A_{0i} + 1 + R_f / R_i} \tag{1·23}$$

となる．

この式に与えられた数値を代入して計算すると，R_{if} は次のようになる．

$$R_{if} = 20\,\mathrm{k}\Omega + \frac{2\,000\,\mathrm{k}\Omega}{10000 + 1 + 2\,000\,\mathrm{k}\Omega / 200\,\mathrm{k}\Omega} = 20\,\mathrm{k}\Omega + \frac{2\,000\,\mathrm{k}\Omega}{10\,011}$$

$$= 20.19978\,\mathrm{k}\Omega$$

式 (1·23) において，$R_i \gg R_f$ および $A_{0l} \gg 1$ ならば

$$R_{if} \fallingdotseq R_1 + \frac{R_f}{A_{0l}} \tag{1·24}$$

と近似される．この式に与えられた数値を代入して計算すると

$$R_{if} = 20\mathrm{k}\ \Omega + \frac{2\,000\,\mathrm{k}\Omega}{10\,000} = 20.2\,\mathrm{k}\Omega$$

となる．さらに，A_{0l} が無限大になれば，反転増幅器の入力抵抗 R_{if} は R_1 に等しくなる．

【例題 1·9】 図 1·7 の反転増幅器において，オペアンプの開ループ利得 A_{0l}，入力抵抗 R_i および出力抵抗 R_0 は，それぞれ

$$A_{0l} = 10\,000,\ R_i = 200\,\mathrm{k}\Omega,\ \text{および}\ R_0 = 3\,\mathrm{k}\Omega$$

である．また，R_1, R_f および R_l の値は

$$R_1 = 20\,\mathrm{k}\Omega,\ R_f = 2\,\mathrm{M}\Omega,\ \text{および}\ R_l = 50\,\mathrm{k}\Omega$$

である．この回路の次の諸量を求めよ．

（a） 閉ループ利得 A_{fb},

（b） 実効入力抵抗 R_{if}

（c） 実効出力抵抗 R_{0f}

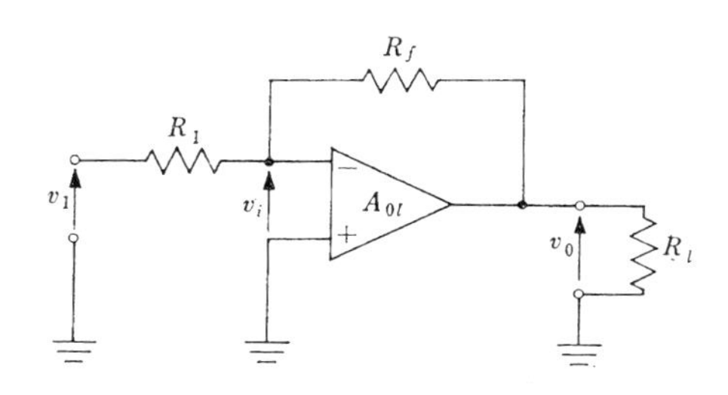

図 1・7　負荷を考慮した反転増幅器

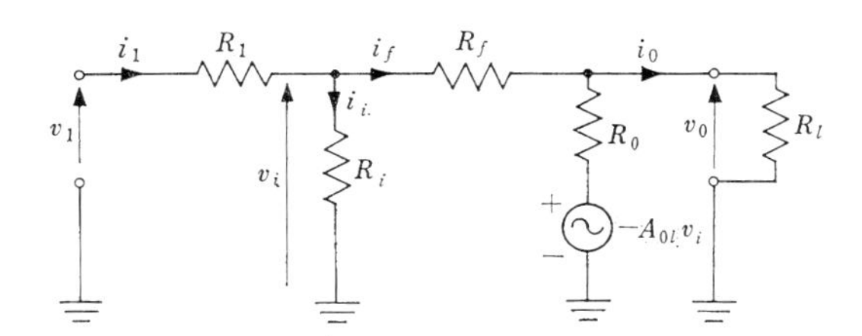

図 1・8　負荷を考慮した反転増幅器の等価回路

【解】（a） 閉ループ利得 A_{fb}　　図 1・7 の回路は，図 1・8 の等価回路で表される．図 1.8 の等価回路において，各部の電圧，電流を図に示すようにとってキルヒホッフの法則を適用すると，次の諸式が得られる．

$$v_1 = R_1 i_1 + v_i \tag{1・25}$$

$$-A_{0l}v_i = v_i - R_f i_f - R_0(i_f - i_0) \tag{1・26}$$

$$v_0 = R_0(i_f - i_0) - A_{0l}v_i \tag{1・27}$$

$$i_1 = i_i + i_f \tag{1・28}$$

$$v_i = i_i R_i \tag{1・29}$$

$$v_0 = i_0 R_l \tag{1・30}$$

式 (*1·28*), (*1·29*) および式 (*1·30*) を式 (*1·26*) に代入すると

$$\{(1+A_{0l})R_i+(R_f+R_0)\}i_i=(R_f+R_0)i_1-\frac{R_0}{R_l}v_0$$

となる．これを整理して

$$i_i=\frac{R_f+R_0}{(R_f+R_0)+(1+A_{0l})R_i}i_1-\frac{1}{(R_f+R_0)+(1+A_{0l})R_i}\frac{R_0}{R_l}v_0 \quad (1\cdot 31)$$

を得る．式 (*1·25*) に式 (*1·29*) を代入すると

$$v_1=R_1i_1+i_iR_i$$

となり，これに式 (*1·31*) を代入すると次のようになる．

$$v_1=\frac{(R_1+R_i)(R_f+R_0)+(1+A_{0l})R_1R_i}{(R_f+R_0)+(1+A_{0l})R_i}i_1-\frac{R_i}{R_l}\frac{R_0}{(R_f+R_0)+(1+A_{0l})R_i}v_0 \quad (1\cdot 32)$$

次に，式 (*1·28*), (*1·29*) および式 (*1·30*) を式 (*1·27*) に代入すると

$$v_0=R_0i_1-(R_0+A_{0l}R_i)i_i-R_0\frac{v_0}{R_l}$$

すなわち，

$$\left(1+\frac{R_0}{R_l}\right)v_0=R_0i_1-(R_0+A_{0l}R_i)i_i \quad (1\cdot 33)$$

となる．この式の i_i に式 (*1·31*) を代入して i_1 を求めると，次のようになる．

$$\left(1+\frac{R_0}{R_l}-\frac{R_0+A_{0l}R_i}{R_f+R_0+(1+A_{0l})R_i}\frac{R_0}{R_l}\right)v_0=\frac{R_i(R_0-R_fA_{0l})}{R_f+R_0+(1+A_{0l})R_i}i_1$$

ゆえに，

$$i_1=\frac{R_l\{R_1+R_0+(1+A_{0l})R_i\}+R_0(R_i+R_f)}{R_lR_i(R_0-R_fA_{0l})}v_0 \quad (1\cdot 34)$$

式 (*1·34*) の i_1 を式 (*1·32*) に代入して，電圧利得 A_{fb} を求めると

$$A_{fb}=\frac{v_0}{v_1}$$

$$=\frac{R_lR_i(R_0-R_fA_{0l})\{R_f+R_0+(1+A_{0l})R_i\}}{\{(R_1+R_i)(R_f+R_0)+(1+A_{0l})R_1R_i\}\times[R_l\{R_f+R_0+(1+A_{0l})R_i\}+R_0(R_i+R_f)]-R_i^2R_0(R_0-R_fA_{0l})} \quad (1\cdot 35)$$

ここで，出力側を開放したときの利得は，式(*1·35*)で $R_l\to\infty$ とすれば求められる．すなわち，

$$A_{fb}=\frac{R_i(R_0-R_fA_{0l})}{(R_1+R_i)(R_f+R_0)+(1+A_{0l})R_1R_i} \quad (1\cdot 36)$$

この問題では $R_l\gg R_0$ であるので，利得は式 (*1·36*) で近似される．この式に与えられた数値を代入して計算すると，電圧利得は次のようになる．

$$A_{fb}=\frac{200\times10^3\times(3\times10^3-2\times10^6\times10^4)}{(20\times10^3+200\times10^3)(2\times10^6+3\times10^3)+(1+10^4)\times20\times10^3\times200\times10^3}$$

$$=-98.90$$

（b）　実効入力抵抗　　次に，実効入力抵抗 R_{if} は

$$R_{if}=\frac{v_1}{i_1}$$

で与えられる．そこで，式（*1・32*）の v_0 に式（*1・34*）より求められる v_0 を代入して整理すると，v_1 は次のようになる．

$$v_1=\left[\frac{(R_1+R_i)(R_f+R_0)+(1+A_{0l})R_1R_i}{(R_f+R_0)+(1+A_{0l})R_i}\right.$$
$$\left.+\frac{R_0R_i}{(R_f+R_0)+(1+A_{0l})R_i}\,\frac{R_i(R_fA_{0l}-R_0)}{R_l\{R_1+R_0+(1+A_{0l})R_i\}}\right]i_1$$

これより R_{if} は

$$R_{if}=\frac{v_1}{i_1}=R_1+\frac{R_i(R_f+R_0)}{(R_f+R_0)+(1+A_{0l})R_i}$$
$$+\frac{R_0R_i^2(R_fA_{0l}-R_0)}{\{(R_f+R_0)+(1+A_{0l})R_i\}[R_0(R_i+R_f)+R_l\{R_1+R_0+(1+A_{0l})R_i\}]} \quad (1\cdot37)$$

となる．出力側を開放したときの実効入力抵抗は，式（*1・37*）で $R_l\to\infty$ として求められる．すなわち，

$$R_{if}=R_1+\frac{R_i(R_f+R_0)}{(R_f+R_0)+(1+A_{0l})R_i} \quad (1\cdot38)$$

この問題では $R_l\gg R_0$ であるので，実効入力抵抗は式（*1・38*）で近似される．この式に与えられた数値を代入して計算すると，R_{if} は次のようになる．

$$R_{if}=20\times10^3+200\times10^3\times\frac{(2\times10^6+3\times10^3)}{(2\times10^6+3\times10^3)+(1+10^4)\times200\times10^3}$$
$$=20.2\,\mathrm{k\Omega}$$

（c）　実効出力抵抗 R_{0f}　　実効出力抵抗を求める方法に２通りある．次に，この２通りの方法について解くことにする．

（1）　テブナンの定理を使う方法　　出力を短絡したときの等価回路は，図 1・9 の

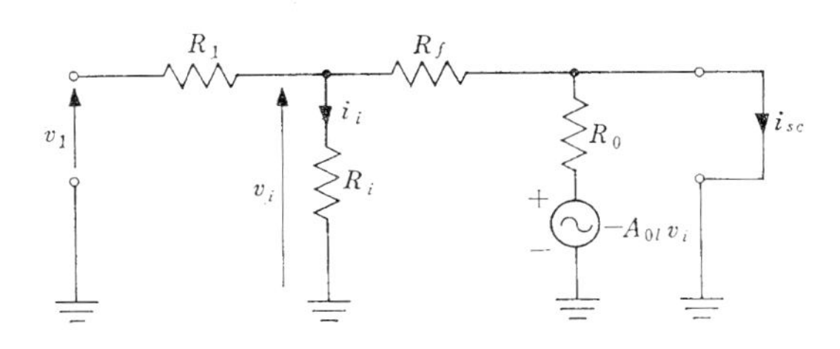

図 1・9　出力を短絡した反転増幅器の等価回路

ようになるので，次の関係式が成り立つ．

$$\left.\begin{aligned} i_{sc} &= -\frac{A_{0l}v_i}{R_0}+\frac{v_1}{R_1+\dfrac{R_iR_f}{R_i+R_f}}\;\frac{R_i}{R_i+R_f} \\ v_i &= R_i\cdot i_i \\ i_i &= \frac{v_1}{R_1+\dfrac{R_iR_f}{R_i+R_f}}\;\frac{R_f}{R_i+R_f} \end{aligned}\right\} \tag{1・39}$$

これらの式より短絡電流 i_{sc} は

$$i_{sc}=\frac{R_i(R_0-R_fA_{0l})v_1}{\{R_1(R_i+R_f)+R_iR_f\}R_0} \tag{1・40}$$

となる．

また，出力端子を開放したときの出力電圧は v_{0f}，式(1・36)より次のようになる．

$$v_{0f}=\frac{R_i(R_0-R_fA_{0l})}{(R_1+R_i)(R_f+R_0)+(1+A_{0l})R_1R_i}v_1 \tag{1・41}$$

したがって，求める実効出力抵抗 R_{0f} は

$$\begin{aligned} R_{0f}=\frac{v_{0f}}{i_{sc}}&=\frac{R_i(R_0-R_fA_{0l})}{(R_1+R_i)(R_f+R_0)+(1+A_{0l})R_1R_i}\;\frac{\{R_1(R_i+R_f)+R_iR_f\}R_0}{R_i(R_0-R_fA_{0l})} \\ &=\frac{(R_1R_i+R_iR_f+R_fR_1)R_0}{(R_1+R_i)(R_f+R_0)+(1+A_{0l})R_1R_i} \end{aligned} \tag{1・42}$$

となる．この式に与えられた数値を代入して計算すると，R_{0f} は次のようになる．

$$\begin{aligned} R_{0f}&=\frac{(20\times10^3\times200\times10^3+200\times10^3\times2\times10^6+2\times10^6\times20\times10^3)\times3\times10^3}{(20\times10^3+200\times10^3)(2\times10^6+3\times10^3)+(1+10^4)\times20\times10^3\times200\times10^3} \\ &=32.93\ \Omega \end{aligned}$$

（2）　入力端を短絡して，出力端より見たインピーダンスを求める方法　入力端子を短絡して出力端子より見た等価回路は，図 1・10 のようになる．この回路にキルヒホッフの法則を適用して式をたてると，次のようになる．

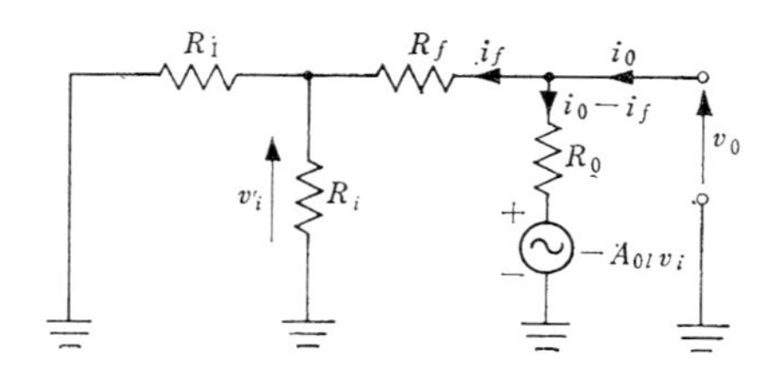

図 1・10　入力端を短絡した反転増幅器の等価回路

$$v_0 = i_f\left(\frac{R_1 R_i}{R_1+R_i}+R_f\right) \quad (1\cdot43)$$

$$v_0 = R_0(i_0-i_f)-A_{0l}v_i \quad (1\cdot44)$$

$$v_i = \frac{R_1 R_i}{R_1+R_i}i_f \quad (1\cdot45)$$

式 (*1・45*) を式 (*1・44*) に代入すると,

$$v_0 = R_0(i_0-i_f)-A_{0l}\frac{R_1 R_i}{R_1+R_i}i_f$$

すなわち

$$v_0 = R_0 i_0-\left(R_0+A_{0l}\frac{R_1 R_i}{R_i+R_1}\right)i_f \quad (1\cdot46)$$

となる. 式 (*1・43*) と式 (*1・46*) より i_f を消去すると

$$v_0 = R_0 i_0-\left(R_0+A_{0l}\frac{R_1 R_i}{R_1+R_i}\right)\frac{v_0}{\left(R_f+\dfrac{R_1 R_i}{R_1+R_i}\right)}$$

$$= R_0 i_0-\frac{R_0(R_1+R_i)+A_{0l}R_1 R_i}{R_1 R_i+R_f(R_1+R_i)}v_0$$

となり, これを整理して

$$\left\{1+\frac{R_0(R_1+R_i)+A_{0l}R_1 R_i}{R_1 R_i+R_f(R_1+R_i)}\right\}v_0 = R_0 i_0$$

を得る. したがって, 出力抵抗は次のようになる.

$$R_{0f} = \frac{v_0}{i_0} = \frac{(R_1 R_i+R_i R_f+R_f R_1)R_0}{(R_1+R_i)(R_f+R_0)+(1+A_{0l})R_1 R_i} \quad (1\cdot47)$$

当然のことであるが, 式 (*1・42*) と同じ結果となる.

1・3 非反転増幅器

図1・11に示すように, 非反転端子に入力を加え反転端子に抵抗 R_f と R_1 を通して出力電圧の一部を帰還した増幅回路を非反転増幅器 (noninverting amplifier) という. 非反転増幅器の出力電圧は, 入力電圧と同位相である.

オペアンプの開ループ利得を A_{0l}, 入力抵抗を R_i, 出力抵抗を R_0 とすると, 図 1・11 の回路は図 1・12 の等価回路で書き表される. この回路の電圧利得 A_{fb} は, R_i が無限大であり R_0 が零であると仮定すると次式で与えられる.

$$A_{fb} = \frac{v_0}{v_1} = \frac{A_{0l}}{1+\dfrac{A_{0l}R_1}{R_1+R_f}} \quad (1\cdot48)$$

A_{0l} が非常に大きいと, A_{fb} は

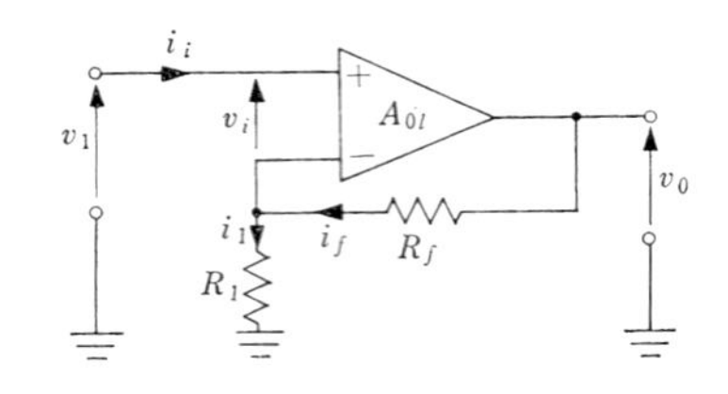

図 1・11　非反転増幅器

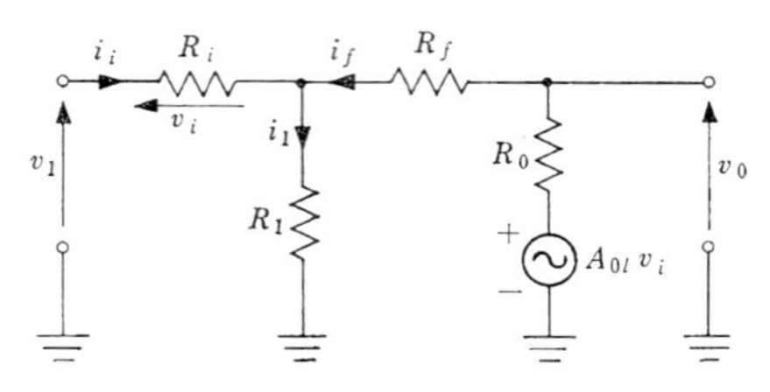

図 1・12　非反転増幅器の等価回路

$$A_{fb}=1+\frac{R_f}{R_1} \tag{1・49}$$

と近似される．

非反転増幅器を負帰還増幅器と見なすと，帰還係数 β は

$$\beta=\frac{R_1}{R_1+R_f} \tag{1・50}$$

で与えられる．

【例題1・10】 図 1・11 の非反転増幅器において，$R_1=10\,\mathrm{k\Omega}$ および $R_f=200\,\mathrm{k\Omega}$ である．オペアンプが理想的であるとして，この回路の電圧利得 A_{fb} を求めよ．

【解】 図 1・11 の回路において，オペアンプは理想的であるので次式が成り立つ．

$$\left.\begin{aligned}v_0&=A_{0l}v_i\\ v_1&=v_i+\frac{R_1}{R_1+R_f}v_0\end{aligned}\right\} \tag{1・51}$$

これらの式から v_i を消去すると

$$v_0=\frac{A_{0l}}{1+\dfrac{A_{0l}R_1}{R_1+R_f}}v_1 \tag{1・52}$$

を得る．A_{0l} は十分大きいので $1\ll A_{0l}R_1/(R_1+R_f)$ の関係が満足される．そこで，式 (1・52) は

$$v_0=\left(1+\frac{R_f}{R_1}\right)v_1 \tag{1・53}$$

と近似され，非反転増幅器の利得 A_{fb} は次式で与えられる．

$$A_{fb}=1+\frac{R_f}{R_1} \tag{1・54}$$

すなわち，非反転増幅器の利得は正であり，1 よりも大きい値である．そして，オペアンプの A_{0l} には無関係であって，帰還回路の抵抗 R_1 と R_f のみによって決定される．

式（*1・54*）に，与えられた抵抗値を代入して計算すると

$$A_{fb}=1+\frac{200\times10^3}{10\times10^3}=21$$

となる．

【例題1・11】 図1・11 の非反転増幅器において，開ループ利得 $A_{0l}=1\,200$，$R_1=10\,\mathrm{k\Omega}$，および $R_f=200\,\mathrm{k\Omega}$ である．この回路の閉ループ利得 A_{fb} を求めよ．

【解】 式（*1・52*）より，A_{fb} は次式で与えられる．

$$A_{fb}=\frac{v_0}{v_1}=\frac{A_{0l}}{1+\dfrac{A_{0l}R_1}{R_1+R_f}}$$

この式に与えられた数値を代入して，A_{fb} を求めると

$$A_{fb}=\frac{1\,200}{1+\dfrac{1\,200\times10}{10+200}}=\frac{1\,200}{1+\dfrac{1\,200}{21}}=20.63$$

となる．

前問で求めた A_{0l} が無限大の場合の値と比較すると，

$$\frac{21-20.63}{21}\times100\%=\mathbf{1.76\,\%}$$

の違いとなっている．

【例題 1・12】 図1・11 の非反転増幅器において，$A_{0l}=1\,200$，$R_1=10\,\mathrm{k\Omega}$，$R_f=200\,\mathrm{k\Omega}$ およびオペアンプの入力抵抗 $R_i=200\,\mathrm{k\Omega}$，出力抵抗 $R_0=3\,\mathrm{k\Omega}$ である．この回路の閉ループ利得 A_{fb} を求めよ．

【解】 図 1・12 の等価回路において，$R_0\ll R_l$ としてキルヒホッフの法則を適用すると次の諸式が得られる．

$$v_0=A_{0l}v_i-R_0i_f \tag{1・55}$$

$$v_1=i_iR_i+R_1i_1 \tag{1・56}$$

$$A_{0l}v_i=i_f(R_0+R_f)+i_1R_1 \tag{1・57}$$

$$v_i = i_i R_i \tag{1・58}$$

$$i_1 = i_i + i_f \tag{1・59}$$

式 (1・57), (1・58) および式 (1・59) より

$$i_i = \frac{(R_0 + R_1 + R_f)}{A_{0l} R_i - R_1} i_f$$

の関係が得られるので，これと式(1・56)とにより i_f と i_i を求めると次のようになる．

$$\left.\begin{aligned} i_f &= \frac{(A_{0l} R_i - R_1) v_1}{(R_0 + R_1 + R_f)(R_i + R_1) + R_1 (A_{0l} R_i - R_1)} \\ i_i &= \frac{(R_0 + R_1 + R_f) v_1}{(R_0 + R_1 + R_f)(R_i + R_1) + R_1 (A_{0l} R_i - R_1)} \end{aligned}\right\} \tag{1・60}$$

式 (1・55) に式 (1・58) と式 (1・60) を代入して整理すると

$$v_0 = \frac{A_{0l} R_i (R_1 + R_f) + R_0 R_1}{(R_0 + R_1 + R_f)(R_i + R_1) + R_1 (A_{0l} R_i - R_1)} v_1 \tag{1・61}$$

となる．したがって，閉ループ利得 A_{fb} は次式で与えられる．

$$A_{fb} = \frac{v_0}{v_1} = \frac{A_{0l} R_i (R_1 + R_f) + R_0 R_1}{(R_0 + R_1 + R_f)(R_i + R_1) + R_1 (A_{0l} R_i - R_1)} \tag{1・62}$$

当然のことではあるが，$R_i \to \infty$ および $R_0 = 0$ とすれば A_{fb} は式 (1・48) となり，さらに $A_{0l} \to \infty$ とすれば A_{fb} は式 (1・49) となる．

さて，式 (1・62) に与えられた数値を代入して計算すると，次のようになる．

$$\begin{aligned} A_{fb} &= \frac{1\,200 \times 200 \times 10^3 (10 \times 10^3 + 200 \times 10^3) + 3 \times 10^3 \times 10 \times 10^3}{(3 \times 10^3 + 10 \times 10^3 + 200 \times 10^3)(10 \times 10^3 + 200 \times 10^3) + 10 \times 10^3 (1\,200 \times 200 \times 10^3 - 10 \times 10^3)} \\ &= 20.6 \end{aligned}$$

【例題 1・13】 図 1・11 の非反転増幅器において，$A_{0l} = 1\,200$, $R_1 = 10\,\mathrm{k\Omega}$, および $R_f = 200\,\mathrm{k\Omega}$ である．オペアンプの入力抵抗 R_i が $R_i = 200\,\mathrm{k\Omega}$ であり，出力抵抗 R_0 が $R_0 = 3\,\mathrm{k\Omega}$ であるとき，この回路の実効入力抵抗 R_{if} を求めよ．

【解】 図 1・12 の等価回路において，キルヒホッフの法則を適用すると次の諸式が得られる．

$$v_1 = i_i R_i + i_1 R_1 \tag{1・63}$$

$$A_{0l} v_i = i_f (R_f + R_0) + R_1 i_1 \tag{1・64}$$

$$i_i + i_f = i_1 \tag{1・65}$$

$$v_i = i_i R_i \tag{1・66}$$

式 (1・64) に式 (1・65) と式 (1・66) を代入して整理すると

$$i_1 = \frac{R_0 + R_f + A_{0l} R_i}{R_0 + R_1 + R_f} i_i$$

となる．これを式（1・63）に代入して

$$v_1=\left\{R_i+\frac{R_1(R_0+R_f+A_{0l}R_i)}{R_0+R_1+R_f}\right\}i_i \qquad (1\cdot 67)$$

を得るので，したがって実効入力抵抗 R_{if} は次のようになる．

$$R_{if}=\frac{v_1}{i_i}=R_i+\frac{R_1(R_0+R_f+A_{0l}R_i)}{R_0+R_1+R_f} \qquad (1\cdot 68)$$

ここで $A_{0l}R_i \gg R_0+R_f$，$A_{0l}\gg 1$，および $R_0=0$ ならば，式（1・68）は

$$R_{if}\fallingdotseq\frac{A_{0l}R_i}{1+(R_f/R_1)} \qquad (1\cdot 69)$$

と近似される．

与えられた数値を式（1・68）に代入して

$$R_{if}=200\times10^3+\frac{10\times10^3(3\times10^3+200\times10^3+1\,200\times200\times10^3)}{(3\times10^3+10\times10^3+200\times10^3)}$$

$$=200\times10^3+\frac{10\times10^3\times240\,203\times10^3}{213\times10^3}=11\,477.136\times10^3\fallingdotseq11.48\,\mathrm{M}\Omega$$

となる．

【例題 1・14】 図1・11の非反転増幅器において，$A_{0l}=1\,200$，$R_1=10\,\mathrm{k}\Omega$，および $R_f=200\,\mathrm{k}\Omega$ である．オペアンプの出力抵抗 R_0 が $R_0=3\,\mathrm{k}\Omega$ であり，入力抵抗 R_i が $R_i=200\,\mathrm{k}\Omega$ であるとき，この回路の実効出力抵抗 R_{0f} を求めよ．

【解】 図1・11の回路の出力インピーダンスは，入力信号源を短絡して出力端子より内部を見たインピーダンスとして求められる．この場合の等価回路は，図1・13のようになるので，この回路にキルヒホッフの法則を適用して，次の式を得る．

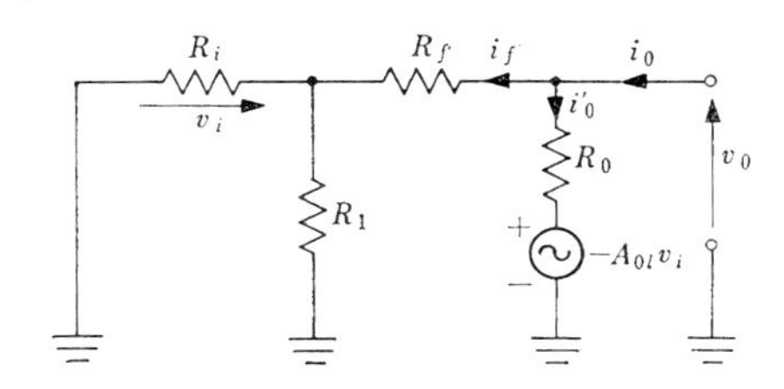

図 1・13　非反転増幅器の出力インピーダンスを求める等価回路

$$v_0=R_0i_0'-A_{0l}v_i \qquad (1\cdot 70)$$

$$v_0=\left(R_f+\frac{R_1R_i}{R_1+R_i}\right)i_f \qquad (1\cdot 71)$$

$$i_0=i_f+i_0' \qquad (1\cdot 72)$$

$$v_i = \frac{R_1 R_i}{R_1 + R_i} i_f \qquad (1 \cdot 73)$$

式 (*1·72*) と式 (*1·73*) を式 (*1·70*) に代入すると

$$v_0 = R_0 i_0 - \left(R_0 + A_{0l} \frac{R_1 R_i}{R_1 + R_i}\right) i_f$$

となる．この式と式 (*1·71*) とにより i_f を消去すると

$$v_0 = R_0 i_0 - \left(R_0 + A_{0l} \frac{R_1 R_i}{R_1 + R_i}\right) \frac{v_0}{\left(R_f + \dfrac{R_1 R_i}{R_1 + R_i}\right)}$$

となるので，出力抵抗 R_{0f} は次式で与えられる．

$$R_{0f} = \frac{v_0}{i_0} = \frac{R_0 R_1 R_i + R_0 R_f (R_1 + R_i)}{(R_f + R_0)(R_1 + R_i) + R_1 R_i (1 + A_{0l})} \qquad (1 \cdot 74)$$

式 (*1·74*) において，$A_{0l} \to \infty$ ならば $R_{0f} = 0$ となる．

与えられた数値を式 (*1·74*) に代入して R_{0f} を計算すると，次のようになる．

$$R_{0f} = \frac{3 \times 10^3 \times 10 \times 10^3 \times 200 \times 10^3 + 3 \times 10^3 \times 200 \times 10^3 (10 \times 10^3 + 200 \times 10^3)}{(200 \times 10^3 + 3 \times 10^3)(10 \times 10^3 + 200 \times 10^3) + 10 \times 10^3 \times 200 \times 10^3 (1 + 1200)}$$

$$= \frac{132\,000 \times 10^9}{2\,444.63 \times 10^9} \fallingdotseq 54\ \Omega$$

1・4　電圧ホロワ

図1·14に示す回路は非反転増幅器の特別な場合であるが，電圧ホロワ（voltage follower）といわれてよく使用されている．出力電圧が直接反転入力端子

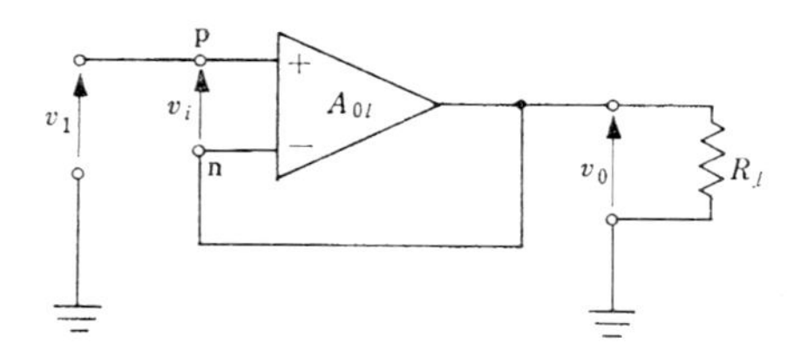

図 1・14　電圧ホロワ

に帰還されているので，この増幅器の利得は式 (*1·49*) において $R_f = 0$ および $R_1 = \infty$ とおいて得られる．

$$A_{fb} = \frac{v_0}{v_1} \fallingdotseq 1 \qquad (1 \cdot 75)$$

すなわち，出力電圧は大きさおよび位相ともに入力電圧と等しくなる．

【例題 1・15】 利得 $A_{0l}=10^5$，入力抵抗 $R_i=100\,\mathrm{k}\Omega$ および出力抵抗 $R_0=100\,\Omega$ のオペアンプを用いて，図1・15の電圧ホロワが構成されている．この回路において，$R_s=1\,\mathrm{k}\Omega$ および $R_l=10\,\mathrm{k}\Omega$ である．出力電圧 v_0 が 10 V であるとき，v_1 と v_0/v_1 を求めよ．

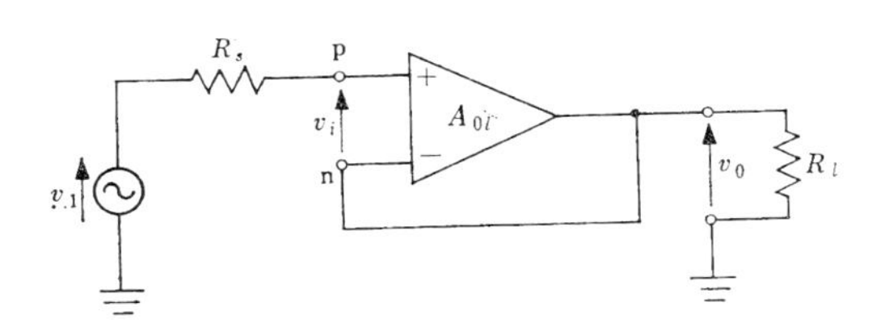

図 1・15 電圧ホロワ回路

【解】 図1・15の電圧ホロワ回路は，図1・16の等価回路で表される．この等価回路において，$v_0=10\,\mathrm{V}$ のとき

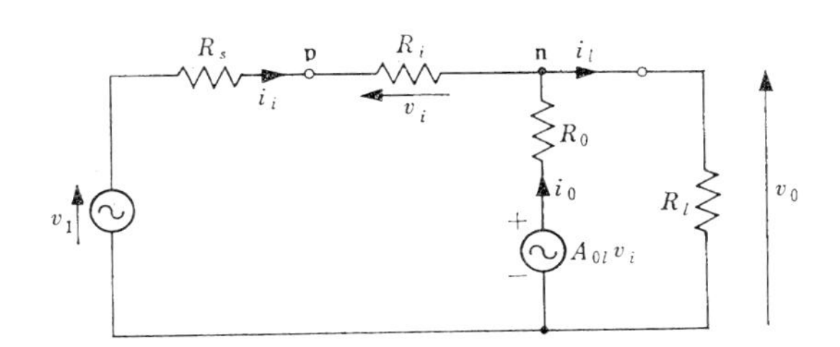

図 1・16 電圧ホロワ回路の等価回路

$$i_l=\frac{v_0}{R_l}=\frac{10}{10^4}=10^{-3}\ \mathrm{A}$$

の電流が流れる．入力電流 i_i が非常に小さいと仮定すると

$$A_{0l}v_i=v_0+i_0R_0\fallingdotseq v_0+i_lR_0=10+10^{-3}\times10^2=10.1\ \mathrm{V}$$

となるので v_i は

$$v_i=\frac{(A_{0l}v_i)}{A_{0l}}=\frac{10.1}{10^5}=10.1\times10^{-5}\ \mathrm{V}$$

となる．ここで，i_i を求めると

$$i_i = \frac{v_i}{R_i} = \frac{10.1\times10^{-5}}{10^5} = 1.01\times10^{-9}\ \text{A}$$

という小さい値になり，先に i_i が非常に小さいと仮定したことは正しいことがわかる．

さて，求める v_1 は

$$v_1 = v_0 + i_i(R_s + R_i)$$

であるので，この式に与えられた数値と上に求めた i_i の値を代入して

$$v_1 = 10 + 1.01\times10^{-9}(10^3 + 10^5) = 10.0001\ \text{V}$$

を得る．

また，v_0/v_1 は

$$\frac{v_0}{v_1} = \frac{10}{10.0001} = 0.99999$$

となり，利得は1に非常に近い値となる．すなわち，電圧ホロワはユニティ・ゲイン増幅器（unity-gain amplifier）である．

【例題 1・16】 開ループ利得 $A_{0l} = 10^5$，入力抵抗 $R_i = 100\,\text{k}\Omega$ のオペアンプを用いた図 1・14 の電圧ホロワの入力抵抗 R_{if} を求めよ．

【解】 図 1・14 の回路は，図 1・17 の等価回路で書き表される．ループ電流を図示のように仮定すると，次の回路方程式が得られる．

$$\left.\begin{aligned} & v_1 - R_i i_1 - R_0(i_1 - i_2) - A_{0l}v_1 + A_{0l}v_0 = 0 \\ & v_1 - R_i i_1 - R_l i_2 = 0 \\ & v_0 = R_l i_2 \end{aligned}\right\} \qquad (1\cdot76)$$

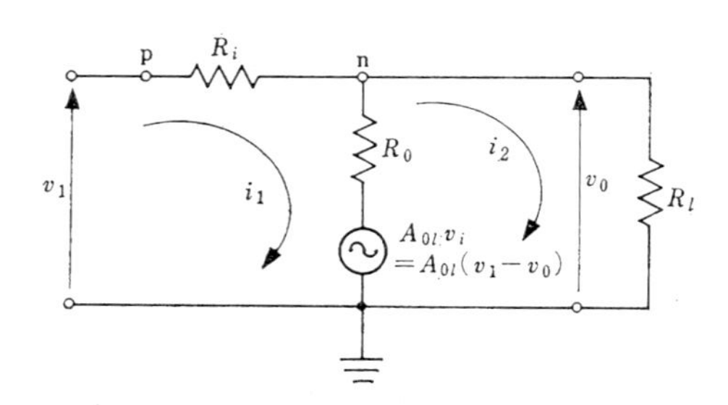

図 1・17 電圧ホロワの等価回路

これらの式より i_2 と v_0 を消去すると

$$v_1 - R_i i_1 - R_0 i_1 + R_0\left(\frac{v_1 - R_i i_1}{R_l}\right) - A_{0l}v_1 + A_{0l}R_l\frac{v_1 - R_i i_1}{R_l} = 0$$

を得る．したがって，入力抗抵 R_{if} は

$$R_{if}=\frac{v_1}{i_1}=\frac{R_i+R_0+(R_0/R_l)R_i+A_{0l}R_i}{1+(R_0/R_l)} \qquad (1\cdot77)$$

となる.

実際の回路では A_{0l} が非常に大きく，また $R_l\gg R_0$ および $R_i\gg R_0$ であるので R_{if} は次の近似式で与えられる.

$$R_{if}\fallingdotseq(A_{0l}+1)R_i+\frac{R_0(R_l+R_i)}{R_l}\fallingdotseq A_{0l}R_i \qquad (1\cdot78)$$

この式に与えられた数値を代入して，入力抵抗 R_{if} は

$$R_{if}=10^5\times100\times10^3=10\,000\ \mathrm{M\Omega}$$

と求められる.

【例題 1・17】 開ループ利得 $A_{0l}=10^5$，出力抵抗 $R_0=100\ \Omega$ のオペアンプを用いた図 1・14 の電圧ホロワの実効出力抵抗 R_{0f} を求めよ.

【解】 出力抵抗 R_{0f} は，出力端子を開放したときの出力電圧 v_{0c} と出力端子を短絡したときに流れる出力電流 i_{sc} の比 $R_{0f}=v_{0c}/i_{sc}$ で与えられる.

図 1・17 において，出力端子を開放するときの出力電圧 v_{0c} は

$$v_{0c}=v_1-R_ii_1=v_1-R_i\frac{v_1-A_{0l}(v_1-v_{0c})}{R_i+R_0}$$

となるので，これを解いて

$$v_{0c}=v_1\frac{R_i+R_0+(A_{0l}-1)R_i}{R_i+R_0+A_{0l}R_i}=v_1\frac{R_0+A_{0l}R_i}{R_0+(1+A_{0l})R_i}$$

を得る.

出力が短絡されると $v_0=0$ であり，短絡出力電流 i_{sc} は

$$i_{sc}=\frac{v_1}{R_i}+\frac{A_{0l}v_1}{R_0}=v_1\frac{R_0+A_{0l}R_i}{R_0R_i}$$

となる，したがって，実効出力抵抗 R_{0f} は

$$R_{0f}=\frac{v_{0c}}{i_{sc}}=\frac{R_0R_i}{R_0+(1+A_{0l})R_i} \qquad (1\cdot79)$$

で与えられる.

実際の回路では A_{0l} が非常に大きく，また $R_i\gg R_0$ である. したがって，式 (1・79) は次のように近似できる.

$$R_{0f}\fallingdotseq\frac{R_0}{A_{0l}} \qquad (1\cdot80)$$

この式に与えられた数値を代入して，実効出力抵抗 R_{0f} は

$$R_{0f}=\frac{100}{10^5}=0.001\ \Omega$$

と求められる.

1・5　差動入力増幅器

図 1・18 に示すように，オペアンプの反転端子と非反転端子の両端子間に入力を加え，シングルエンドの出力端子より出力を取り出す増幅回路を差動入力増幅器 (differential input amplifier) という．この増幅器の出力電圧 v_0 は，次式で与えられる．

$$v_0 = v_{cm}\left(\frac{R_3}{R_2+R_3} - \frac{R_f}{R_1} + \frac{R_f}{R_1}\,\frac{R_3}{R_2+R_3}\right) + v_2\left(\frac{R_3}{R_2+R_3} + \frac{R_f}{R_1}\,\frac{R_3}{R_2+R_3}\right) - v_1\,\frac{R_f}{R_1} \qquad (1\cdot 81)$$

いま，

$$\frac{R_f}{R_1} = \frac{R_3}{R_2} \qquad (1\cdot 82)$$

の関係を満足するように抵抗値を選ぶと，式 (1・81) は

$$v_0 = +\frac{R_f}{R_1}(v_2 - v_1) \qquad (1\cdot 83)$$

となる．すなわち，差動増幅器は両入力端子へ加えられる入力電圧の差の電圧を増幅し，共通モード入力信号 v_{cm} は除去して増幅しない特性を持っている．

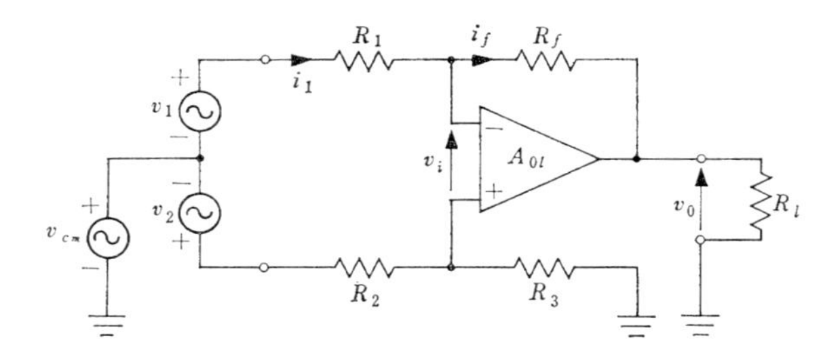

図 1・18　差動入力増幅器

【例題 1・18】 図 1・18 の差動入力増幅器において，$v_{cm} = 0.1$ V，$v_2 = 0.1$ V，$v_1 = -0.2$ V，$R_f = 100\,\mathrm{k\Omega}$，$R_3 = 50\,\mathrm{k\Omega}$，$R_1 = 20\,\mathrm{k\Omega}$，および $R_2 = 50\,\mathrm{k\Omega}$ である．出力電圧 v_0 を求めよ．

【解】 図 1・18 の回路において，オペアンプは理想オペアンプであると仮定して $i_i = 0$ および $v_i = 0$ とする．R_3 の両端の電圧 v_3 は

$$v_3 = (v_{cm}+v_2)\frac{R_3}{R_2+R_3}$$

で与えられる．また，i_1 と i_f は等しく

$$i_1 = \frac{v_{cm}+v_1-v_3}{R_1} = i_f = \frac{v_3-v_0}{R_f}$$

となる．この両式より v_3 を消去して v_0 を求めると，次式が得られる．

$$v_0 = v_{cm}\left(\frac{R_3}{R_2+R_3}-\frac{R_f}{R_1}+\frac{R_f}{R_1}\,\frac{R_3}{R_2+R_3}\right) + v_2\left(\frac{R_3}{R_2+R_3}+\frac{R_f}{R_1}\,\frac{R_3}{R_2+R_3}\right)-v_1\left(\frac{R_f}{R_1}\right)$$

この式に与えられた数値を代入すると

$$\begin{aligned} v_0 &= 0.1\times\left(\frac{50\times10^3}{50\times10^3+50\times10^3}-\frac{100\times10^3}{20\times10^3}+\frac{100\times10^3}{20\times10^3}\,\frac{50\times10^3}{50\times10^3+50\times10^3}\right) \\ &\quad +0.1\times\left(\frac{50\times10^3}{50\times10^3+50\times10^3}+\frac{100\times10^3}{20\times10^3}\,\frac{50\times10^3}{50\times10^3+50\times10^3}\right) \\ &\quad -(-0.2)\frac{100\times10^3}{20\times10^3} \\ &= 0.1\times(0.5-5+2.5)+0.1\times(0.5+2.5)+0.2\times5 \\ &= 0.1\times(-2)+0.1\times3+1 = 1.1\ \mathrm{V} \end{aligned}$$

となる．

【例題 1・19】　図 1・18 において $v_2 = 0.1\,\mathrm{V}$，$v_1 = -0.2\,\mathrm{V}$，$R_f = R_3 = 100\ \mathrm{k\Omega}$ および $R_1 = R_2 = 20\ \mathrm{k\Omega}$ である．出力電圧 v_0 を求めよ．

【解】　与えられた回路においては

$$\frac{R_f}{R_1} = \frac{R_3}{R_2} = \frac{100\times10^3}{20\times10^3} = 5$$

の関係が成り立つので，出力電圧 v_0 は前問の v_0 の式にこの関係を代入して

$$v_0 = +\frac{R_f}{R_1}(v_2-v_1)$$

で与えられる．この式に与えられた数値を代入して計算すると

$$v_0 = +\frac{100\times10^3}{20\times10^3}\{0.1-(-0.2)\} = +5\times0.3 = +1.5\ \mathrm{V}$$

となる．

1・6　差動入力差動出力増幅器

図 1・19 に示されるように，反転端子と非反転端子に入力を加えると共に，出力も 2 つの端子から取り出す回路は差動入力差動出力増幅器（differential input-differential output amplifier）といわれる．このような増幅器はサーボモータ，プッシュプル増幅段，対称伝送線路などの駆動増幅器として利用されている．

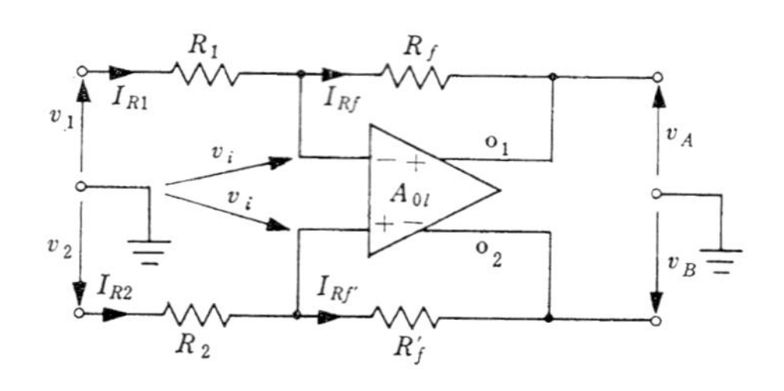

図 1・19　差動入力差動出力増幅器

この増幅器の出力電圧 v_0 は v_A と v_B の代数和となり，$R_1=R_2$ および $R_f=R_f'$ の場合に次式で与えられる．

$$v_0=|v_A-v_B|=\frac{R_f}{R_1}(v_2-v_1) \tag{1・84}$$

【例題 1・20】 図 1・19 において，$R_1=R_2=10\,\mathrm{k\Omega}$，$R_f=R_f'=100\,\mathrm{k\Omega}$，$v_1=0.3\,\mathrm{V}$ および $v_2=0.5\,\mathrm{V}$ の場合の出力電圧 v_0 を求めよ．

【解】 増幅部の開ループ利得 A_{0l} が大きいので，図 1・19 の反転入力端子と非反転入力端子の電圧は，共通端子に対して同じ値の電圧 v_i であると見なされる．また，端子 o_1 の＋記号は v_1 と逆極性の電圧が表れることを示しており，同様に端子 o_2 の－記号は v_2 と逆極性の電圧が表れることを示している．

全出力電圧 v_0 は，v_A と v_B との代数和である．オペアンプの入力抵抗が無限大であるとすると，

$$I_{R1}=I_{Rf}$$

および

$$I_{R2}=I_{Rf}'$$

となるので

$$I_{R1}=\frac{v_1-v_i}{R_1}=\frac{v_i-v_A}{R_f}$$

および

$$I_{R2}=\frac{v_2-v_i}{R_2}=\frac{v_i-v_B}{R_f'}$$

の関係式を得る．$R_1=R_2$，$R_f=R_f'$ であることを考慮して，この 2 つの式を引き算すると

$$\frac{v_2-v_i}{R_1}-\frac{v_1-v_i}{R_1}=\frac{v_i-v_B}{R_f}-\frac{v_i-v_A}{R_f}$$

すなわち

$$\frac{v_2-v_1}{R_1}=\frac{v_A-v_B}{R_f}$$

となる．$v_0=|v_A-v_B|$ であるので，v_0 は上式より

$$v_0=\frac{R_f}{R_1}|v_2-v_1|$$

と与えられる．

この式に与えられた数値を代入すると

$$v_0=\frac{100\,\mathrm{k\Omega}}{10\,\mathrm{k\Omega}}(0.5-0.3)=2\,\mathrm{V}$$

となり，出力電圧は 2 V と求められる．

練　習　問　題

1. 図 1·4 の回路において，オペアンプは理想的であり，また $R_f=100\,\mathrm{k\Omega}$，$R_1=10\,\mathrm{k\Omega}$ である．入力端子に +1 V の直流電圧を加えた場合，次の諸量を求めよ．

（a） 入力電流 I_i

（b） 出力電圧 V_0

（c） 閉ループ利得 A_{fb}

2. 理想オペアンプを用いた図 1·7 の回路において $R_f=100\,\mathrm{k\Omega}$，$R_1=10\,\mathrm{k\Omega}$，$R_l=25\,\mathrm{k\Omega}$ である．入力端子に +1 V の直流電圧を加えた場合の

（a） 負荷電流 I_l

（b） オペアンプの全出力電流 I_0

を求めよ．

3. $R_1=10\,\mathrm{k\Omega}$ および $R_f=1\,\mathrm{M\Omega}$ で構成される反転増幅器において，増幅部の特性が $A_{0l}=30{,}000$，$R_i=300\,\mathrm{k\Omega}$，$R_0=500\,\Omega$ である．この回路の β，A_{fb}，A_0，R_{if} および R_{0f} を求めよ，

4. 図 1·7 の反転増幅器において，$A_{0l}=10^5$，$R_i=300\,\mathrm{k\Omega}$，$R_0=2\,\mathrm{k\Omega}$，$R_1=30\,\mathrm{k\Omega}$，$R_f=1\,\mathrm{M\Omega}$，および $R_l=20\,\mathrm{k\Omega}$ である，次の諸量を求めよ．

（a） 閉ループ利得 A_{fb}

（b） 実効入力抵抗 R_{if}

（c） 実効出力抵抗 R_{0f}

5. 理想オペアンプを用いた図 1·11 の非反転増幅器において，$R_1 = R_f = 10\,\mathrm{k\Omega}$ である．次の諸量を求めよ．

(a) 閉ループ利得 A_{fb}

(b) R_1 を取り除いた時の電圧利得 A_{fb}

6. 理想オペアンプを用いた図 1·11 の非反転増幅器において，$A_{fb} = 20$，および $R_f = 200\,\mathrm{k\Omega}$ である．R_1 の値を求めよ．

7. 図 1·11 の非反転増幅器において，$R_1 = 10\,\mathrm{k\Omega}$，および $R_f = 1\,\mathrm{M\Omega}$ である．開ループ利得 A_{0l} が無限大のときと，$A_{0l} = 1\,200$ のときとの閉ループ利得 A_{fb} を求めよ．

8. 図 1·11 の非反転増幅器において，$R_1 = 10\,\mathrm{k\Omega}$，および $R_f = 100\,\mathrm{k\Omega}$ である．オペアンプの開ループ利得 A_{0l} が無限大のときと，$A_{0l} = 1\,200$ のときとの閉ループ利得 A_{fb} を求めよ．

9. $R_1 = 20\,\mathrm{k\Omega}$ および $R_f = 2\,\mathrm{M\Omega}$ で構成される非反転増幅器において，増幅部の特性が $A_{0l} = 20\,000$，$R_i = 200\,\mathrm{k\Omega}$，および $R_0 = 1\,\mathrm{k\Omega}$ である．この回路の β，A_{fb}，R_{if} および R_{0f} を求めよ．

10. 例題 1·14 において，実効出力抵抗 R_{0f} をテブナンの定理を用いて求めよ．

11. 図 1·11 の非反転増幅器の出力端子に，負荷抵抗 R_l が接続されている．この場合に $A_{0l} = 1\,200$，$R_i = 200\,\mathrm{k\Omega}$，$R_0 = 3\,\mathrm{k\Omega}$，$R_1 = 10\,\mathrm{k\Omega}$，$R_f = 200\,\mathrm{k\Omega}$，および $R_l = 25\,\mathrm{k\Omega}$ である．次の諸量を求めよ．

(a) 閉ループ利得 A_{fb}

(b) 実効入力抵抗 R_{if}

(c) 実効出力抵抗 R_{0f}

12. 図 1·15 の電圧ホロワ回路において，$A_{0l} = 10^4$，$R_i = 200\,\mathrm{k\Omega}$，$R_0 = 1\,\mathrm{k\Omega}$，$R_s = 1\,\mathrm{k\Omega}$，および $R_l = 10\,\mathrm{k\Omega}$ である．次の諸量を求めよ．

(a) 閉ループ利得 A_{fb}

(b) 実効入力抵抗 R_{if}

(c) 実効出力抵抗 R_{0f}

オペアンプの特性 2

2・1 オフセット

オペアンプは直接結合形差動入力増幅回路で構成されているので，差動入力電圧が0ならば出力電圧は0となるはずである．ところが，実際のオペアンプでは，とくに差動入力段トランジスタのベース・エミッタ間の電圧 V_{BE} を平衡させることが困難である．この不平衡電圧 ΔV_{BE} などによって，入力電圧が0であっても出力電圧が存在するようになる．この出力電圧を，出力オフセット電圧と呼ぶ．

オフセットは，一般に出力オフセット電圧を開ループ利得で割った入力換算量で表している．すなわち，反転入力端子と非反転入力端子間に直流電圧を加えて出力電圧が 0V になるようにした場合に，この入力端子間の電圧の差を入力換算オフセット電圧または略して入力オフセット電圧あるいはオフセット電圧（off set voltage）という．

次に，理想的オペアンプの入力電流は0であるが，実際のオペアンプでは各差動入力に直流バイアス電流 I_{B1}, I_{B2} が供給されている．これらの電流によって入力端子に接続された抵抗に電圧降下を生じ，この不平衡が原因となって出力電圧を生じる．この出力電圧を0にするための2つの直流バイアス電流の差を入力換算オフセット電流という．

オフセット電圧を V_{0s}，オフセット電流を I_{0s} とおき，入力端子に外付した抵抗を R_s とすると，I_{0s} は

$$I_{0s} = I_{B2} - I_{B1}$$

であり，オフセットの一般式は

$$V_{0s} \pm R_s I_{0s}$$

で表される．また，これらの誤差要因を考慮した実際のオペアンプの等価回路は，図2・1のようになる．

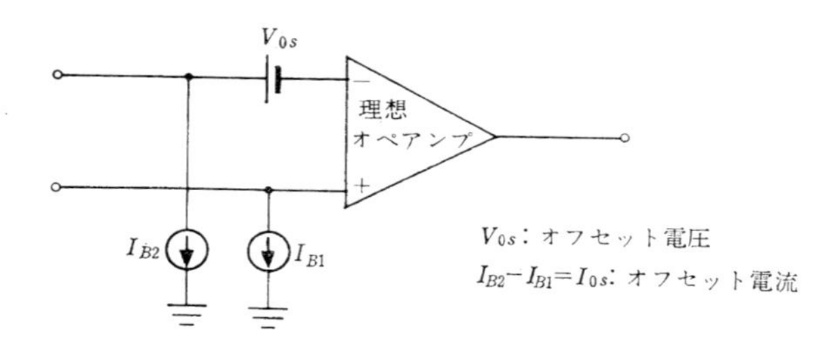

図 2・1　オフセットを考慮した等価回路

増幅器として利用する場合には，オフセット電圧およびオフセット電流は零にされなければならない．このため，通常図2・2に示すようにオペアンプの入力端子に補償回路を設け，入力オフセット電圧と等しくて極性の反対の電圧を加えて，オフセット電圧を打ち消している．オフセット電圧は，このようにしてある一定の温度，電源電圧においてはほとんど完全に零にできる．

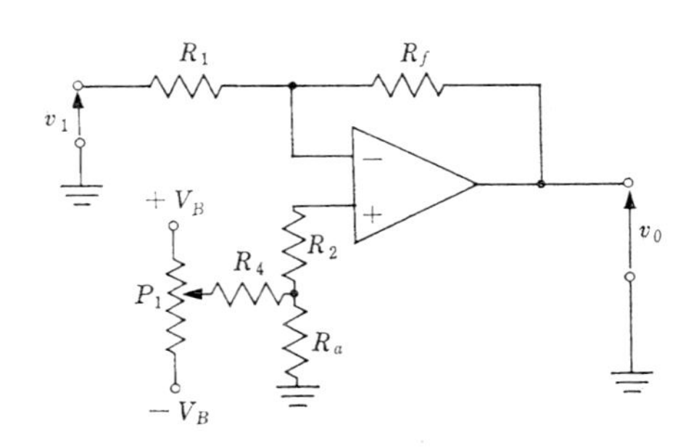

図 2・2　オフセット補償された反転増幅器

しかし，オフセット電圧，電流は温度，電源電圧などの変動によって変化するものである．このオフセット電圧，電流の変化をドリフト（drift）と呼んでいる．

温度によるオフセット電圧変動の主な原因は，トランジスタの V_{BE} と β の温度による変化である．これらの変化が各トランジスタによって異なるので，温度変化によるドリフトは複雑となり，広い温度範囲にわたってオフセット電圧を零にすることは困難である．しかし，温度変化によるドリフトによって特性にどの程度の誤差を生じ，それが実用に差支えないかどうか知る必要がある．

図2・2の反転増幅器において，温度 $\varDelta T$ の変化によってオフセット電圧 V_{0s} が $\varDelta V_{0s}$，オフセット電流 I_{0s} が $\varDelta I_{0s}$ だけ変動した場合に，出力における誤差電圧 E は次式のようになる．

$$E=\frac{\varDelta v_0}{\varDelta T}(\varDelta T)=\left(\frac{R_1+R_f}{R_1}\right)\left(\frac{\varDelta V_{0s}}{\varDelta T}\right)\varDelta T+R_f\left(\frac{\varDelta I_{0s}}{\varDelta T}\right)\varDelta T \quad (2\cdot1)$$

また，入力に換算した誤差電圧を E_i とすると，

$$E_i=\left(\frac{R_f+R_1}{R_f}\right)\left(\frac{\varDelta V_{0s}}{\varDelta T}\right)\varDelta T+R_1\left(\frac{\varDelta I_{0s}}{\varDelta T}\right)\varDelta T \quad (2\cdot2)$$

となる．

図2・3は，オフセット電圧補償回路を有する非反転増幅器である．この回路の入力換算誤差電圧 E_i は

$$E_i=\left(\frac{\varDelta V_{0s}}{\varDelta T}\right)(\varDelta T)+R_f\left(\frac{\varDelta I_{0s}}{\varDelta T}\right)(\varDelta T) \quad (2\cdot3)$$

となる．

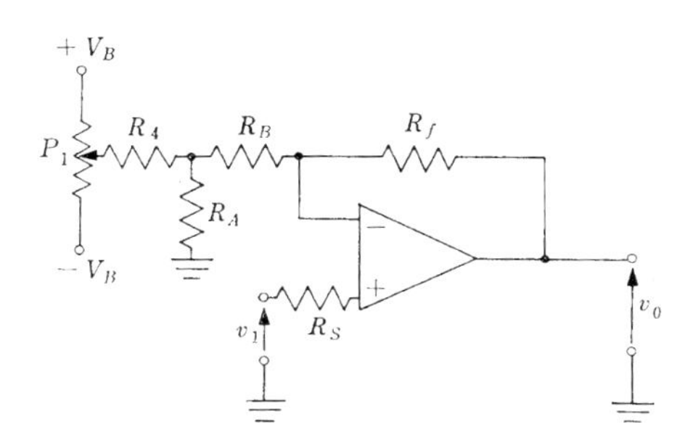

図 2・3　オフセット補償された非反転増幅器

【例題2・1】 図2·4に示すように，入力換算オフセット電圧 V_{0s} が反転端子に等価的に示されている．このときの出力電圧 V_0 を求めよ．

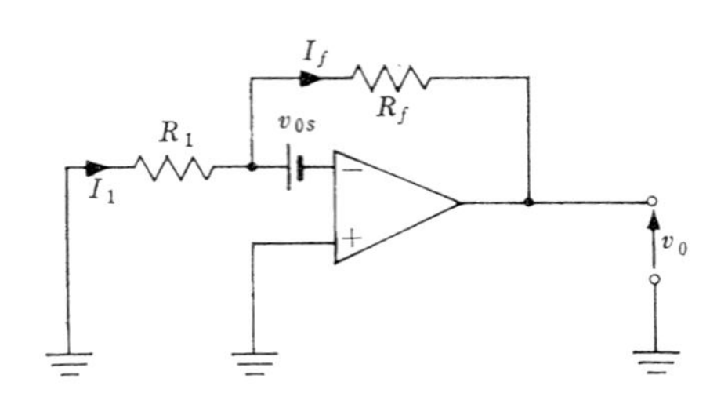

図 2・4　入力換算オフセット電圧を考慮した回路

【解】 オペアンプが理想的であるとすると，次の2式が成り立つ．

$$I_f = \frac{V_{0s} - V_0}{R_f}$$

$$I_1 = -\frac{V_{0s}}{R_1}$$

$I_1 = I_f$ であるので，この両式より

$$-\frac{V_{0s}}{R_1} = \frac{V_{0s} - V_0}{R_f}$$

となり，これより出力電圧 V_0 を求めると，次のようになる．

$$V_0 = V_{0s}\left(1 + \frac{R_f}{R_1}\right) \tag{2・4}$$

【例題2・2】 オペアンプにおいては，無信号時でも常時直流バイアス電流

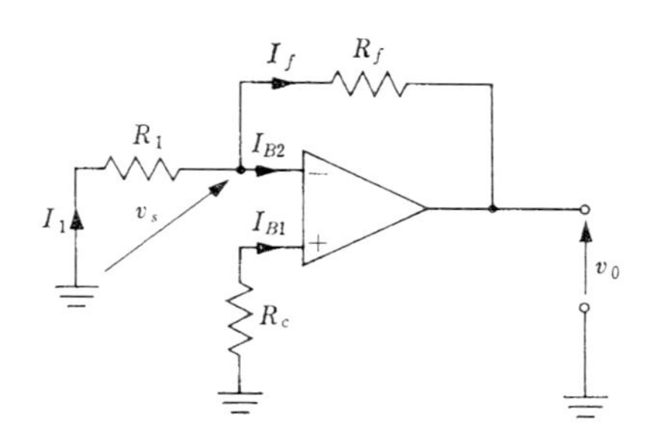

図 2・5　直流バイアス電流を考慮した回路

が流れている．いま，図2・5の回路に示されるように，反転端子に I_{B2}，非反転端子に I_{B1} の直流バイアス電流が流れている．この時の出力電圧 V_0 を求めよ．

【解】 オペアンプは各バイアス電流に差がある以外，理想的であると仮定し，回路の各部の電流，電圧を図示のようにとると，反転端子と非反転端子との電位は等しいので

$$V_s = -R_c I_{B1} \quad (2 \cdot 5)$$

となる．したがって，I_1 は

$$I_1 = -\frac{V_s}{R_1} = \frac{R_c}{R_1} I_{B1} \quad (2 \cdot 6)$$

となり，また I_f は

$$I_f = \frac{V_s - V_0}{R_f} \quad (2 \cdot 7)$$

となる．式（2・7）に式（2・5）を代入して

$$I_f = -\frac{R_c}{R_f} I_{B1} - \frac{V_0}{R_f} \quad (2 \cdot 8)$$

一方

$$I_1 = I_f + I_{B2}$$

の関係があるので，この式に式（2・6）および式（2・7）を代入すると

$$\frac{R_c}{R_1} I_{B1} = -\frac{R_c}{R_f} I_{B1} - \frac{V_0}{R_f} + I_{B2} \quad (2 \cdot 9)$$

を得る．この式を解いて整理すると，求める出力電圧 V_0 は次のようになる．

$$V_0 = R_f I_{B2} - R_c \left(1 + \frac{R_f}{R_1}\right) I_{B1} \quad (2 \cdot 10)$$

さて，式（2・10）を変形して，次のように書き直してみる．

$$V_0 = \left\{-R_c\left(1 + \frac{R_f}{R_1}\right) + R_f\right\} I_{B1} - R_f (I_{B1} - I_{B2}) \quad (2 \cdot 11)$$

この式において，$|R_f (I_{B1} - I_{B2})|$ はオペアンプによってきまる一定値と考えられる．そこで，式（2・11）の I_{B1} の係数が零になるように R_c の値を選ぶと，V_0 の値は最小となる．このときの R_c と V_0 の値は，次のようになる．

$$\left.\begin{aligned} R_c &= \frac{R_1 R_f}{R_1 + R_f} \\ V_0 &= R_f (I_{B2} - I_{B1}) \end{aligned}\right\} \quad (2 \cdot 12)$$

この抵抗 R_c をバイアス補償抵抗，$I_{B2} - I_{B1} = I_{0s}$ をオフセット電流という．

【例題2・3】 図2・6はオフセット電圧およびオフセット電流を測定する回路である．図において，スイッチSを閉じたときの電圧計の読みを V_1，Sを開いたときの電圧計の読みを V_2 とすれば，オペアンプのオフセット電圧 V_{0s} およびオフセット電流 I_{0s} は次式で表される．この関係を求めよ．

$$V_{0s} \fallingdotseq \frac{V_1}{1+\dfrac{R_2}{R_1}}$$

$$I_{0s} \fallingdotseq \frac{|V_1-V_2|}{R\left(1+\dfrac{R_2}{R_1}\right)}$$

【解】 図2・6の測定回路のスイッチSを閉じると，図2・7(a)のようになるので，回路の出力電圧すなわち電圧計の読み V_1 は

$$V_1 \fallingdotseq (V_{0s}+R_1I_{0s})\left(1+\frac{R_2}{R_1}\right) \tag{2・13}$$

となる．ただし，$R \gg R_1$ としている．

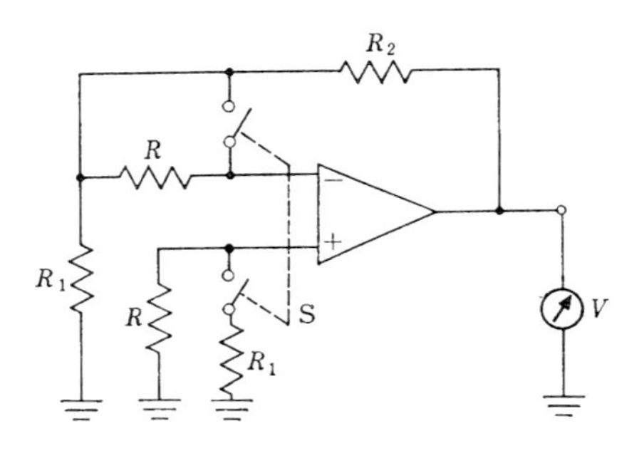

図 2・6　オフセット電圧およびオフセット電流測定回路

一般に，$V_{0s} \gg R_1I_{0s}$ の関係があるので，式(2・13)は

$$V_{0s} \fallingdotseq \frac{V_1}{1+\dfrac{R_2}{R_1}} \tag{2・14}$$

となる．

次に，Sを開くと図2・7(b)のようになるので，そのときの出力電圧すなわち電圧計の読み V_2 は

$$V_2 = (V_{0s} + RI_{0s})\frac{R_1 + R_2}{R_1}$$

$$= V_{0s}\left(1 + \frac{R_2}{R_1}\right) + RI_{0s}\left(1 + \frac{R_2}{R_1}\right) \qquad (2 \cdot 15)$$

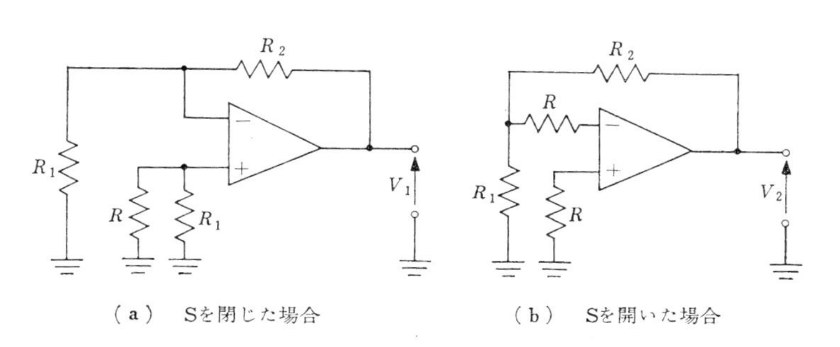

（a）　Sを閉じた場合　　（b）　Sを開いた場合

図 2・7　図2・6の回路において，S を開閉した場合の等価回路

となる．

式 (*2・15*) に式 (*2・14*) を代入すると

$$V_2 \fallingdotseq \frac{V_1}{1 + \frac{R_2}{R_1}}\left(1 + \frac{R_2}{R_1}\right) + RI_{0s}\left(1 + \frac{R_2}{R_1}\right)$$

$$= V_1 + RI_{0s}\left(1 + \frac{R_2}{R_1}\right)$$

となる．この式を I_{0s} について解くと

$$I_{0s} \fallingdotseq \frac{V_2 - V_1}{R\left(1 + \frac{R_2}{R_1}\right)}$$

となり，I_{0s} の正負を考慮すると次のようになる．

$$I_{0s} \fallingdotseq \frac{|V_2 - V_1|}{R\left(1 + \frac{R_2}{R_1}\right)} \qquad (2 \cdot 16)$$

【例題 2・4】 図2・2のオフセット補償回路付反転増幅器において，$V = \pm 15\,\mathrm{V}$，$I_{0s} = 0.8\,\mu\mathrm{A}$ および $V_{0s(\max)} = 20\,\mathrm{mV}$ である．$R_1 = 20\,\mathrm{k}\Omega$，$R_f = 200\,\mathrm{k}\Omega$ と仮定して，この回路を設計せよ．

【解】 ポテンショメータ P_1 は，余計な電力を消費しないように十分大きい値にとらなければならない．しかし，P_1 を流れる電流は少なくとも I_B の 20〜40 倍でなければならない．同様に，R_4 を流れる電流も R_a と R_4 が分圧器として動作するように，

I_B より大きくなければならない．そこで，いま $P_1 = 50\,\mathrm{k\Omega}$ とし，また

$$R_4 = \frac{V}{40\,I_B}$$

ととることにすると R_4 の値は

$$R_4 = \frac{15}{40 \times 0.8\,\mu\mathrm{A}} = \frac{15\,V}{32\,\mu\mathrm{A}} = 468.7\,\mathrm{k\Omega}$$

となる．実際には R_a を小さい値に保つために，R_4 はこれよりも小さい値を使用する．ここで，$R_4 = 400\,\mathrm{k\Omega}$ にとることとする．

$R_4 \gg R_a$ であるので，オフセット電圧調整範囲は，ほぼ $\pm V(R_a/R_4)$ となる．この値が $V_{0s(\mathrm{max})}$ に等しいことが必要であり，これより次の関係が得られる．

$$V_{0s(\mathrm{max})} \fallingdotseq \frac{R_a}{R_4} V$$

したがって，

$$R_a = R_4 \frac{V_{0s(\mathrm{max})}}{V}$$
$$= 400\,\mathrm{k\Omega} \frac{20\,\mathrm{mV}}{15} = 533.3\,\Omega$$

となり，$R_a = 540\,\Omega$ にとる．

次に，R_2 は

$$R_2 + R_a = \frac{R_1 R_f}{R_1 + R_f} \equiv R_s$$

の関係を満足するように選定される．R_s は

$$R_s = \frac{20\,\mathrm{k\Omega} \times 200\,\mathrm{k\Omega}}{20\,\mathrm{k\Omega} + 200\,\mathrm{k\Omega}} = 18.2\,\mathrm{k\Omega}$$

であるので，したがって R_2 は

$$R_2 = R_s - R_a$$
$$= 18.2\,\mathrm{k\Omega} - 540\,\Omega = 17.66\,\mathrm{k\Omega}$$

【例題 2・5】 図 2・3 のオフセット補償回路付非反転増幅回路において，$V = \pm 15\,\mathrm{V}$，$I_{0s} = 0.8\,\mu\mathrm{A}$ および $V_{0s(\mathrm{max})} = 20\,\mathrm{mV}$ である．$R_f = 200\,\mathrm{k\Omega}$ および利得 $A_{fb} = 10$ として，この回路を設計せよ．

【解】 図 2・3 の回路では，R_4 と R_A で構成される電圧分割器が帰還回路の一部となっている．通常 $R_4 \gg R_A$ にとられ，P_1 と R_4 は例題 2・4 と同様にして選ばれる．ここで，次のようにとることにする．

$$P_1 = 50\,\mathrm{k\Omega}，\text{および } R_4 = 400\,\mathrm{k\Omega}$$

ここで，$V_{0s(\mathrm{max})}$，V，R_A および R_4 の間には次の関係がなければならない．

$$\frac{V_{0s(\max)}}{V}=\frac{R_A}{R_4}$$

この式に与えられた数値を代入して，R_A を求めると次のようになる．

$$\frac{20\ \text{mV}}{15\ \text{V}}=\frac{R_A}{400\ \text{k}\Omega}$$

すなわち

$$R_A=\frac{400\ \text{k}\Omega\times 20\ \text{mV}}{15\ \text{V}}=533.3\ \Omega\fallingdotseq 500\ \Omega$$

いま，

$$R_1=R_A+R_B$$

とおくと，この増幅回路の利得 A_{fb} は

$$A_{fb}=1+\frac{R_f}{R_1}$$

で与えられる．これより R_1 を求めると

$$R_1=\frac{R_f}{A_{fb}-1}=\frac{200\ \text{k}\Omega}{10-1}=22.2\ \text{k}\Omega$$

となり，R_B は

$$R_B=R_1-R_A=22.2\ \text{k}\Omega-500\ \Omega=21.7\ \text{k}\Omega$$

となる．以上より，R_s の値は次のようになる．

$$R_s=\frac{R_1R_f}{R_1+R_f}=\frac{22.2\ \text{k}\Omega\times 200\ \text{k}\Omega}{22.2\ \text{k}\Omega+200\ \text{k}\Omega}=19.98\ \text{k}\Omega$$

【例題 2・6】 図 2・2 の反転増幅器において，$R_1=10\ \text{k}\Omega$ および $R_f=100\ \text{k}\Omega$ であり，またオペアンプのオフセット温度係数は $\Delta V_{0s}/\Delta T=\pm 10\ \mu\text{V}/°\text{C}$ および $\Delta I_{0s}/\Delta T=\pm 1\ n\text{A}/°\text{C}$ である．温度が 25°C から 50°C まで増加したとき，出力電圧はどの位変化するか．

【解】 入力電圧 v_1 が零の場合を考える．オフセット電圧と補償電圧 V_c が非反転端子に加えられるので，出力電圧 v_0 は

$$v_0=\left(\frac{R_1+R_f}{R_1}\right)(V_c-V_{0s})+\left(\frac{R_1+R_f}{R_1}\right)\left(\frac{R_1R_f}{R_1+R_f}\right)I_{0s} \qquad (2\cdot 17)$$

となる．この電圧が零になるように，可変抵抗 P_1 が調整される．

温度が変化すると，V_{0s} および I_{0s} は変化するが V_c は変化しないので v_0 は零でなくなる．温度 ΔT の変化による V_{0s}, I_{0s} および v_0 の変化をそれぞれ ΔV_{0s}, ΔI_{0s} および Δv_0 とすると，式 (2・17) より次の関係が得られる．

$$\frac{\Delta v_0}{\Delta T}=\left(\frac{R_1+R_f}{R_1}\right)\left|\frac{\Delta V_{0s}}{\Delta T}\right|+R_f\left|\frac{\Delta I_{0s}}{\Delta T}\right| \qquad (2\cdot 18)$$

ここで，絶対値をとっているのは，ドリフトが同じ方向へ起こる最悪の状態を考えて

いるためである．

さて，$\Delta V_{0s}/\Delta T$ および $\Delta I_{0s}/\Delta T$ によって出力に生ずる誤差電圧 E は，式（2・18）より

$$E=\frac{\Delta v_0}{\Delta T}\Delta T=\left(\frac{R_1+R_f}{R_1}\right)\left(\frac{\Delta V_{0s}}{\Delta T}\right)\Delta T+R_f\left(\frac{\Delta I_{0s}}{\Delta T}\right)\Delta T \tag{2・19}$$

となる．

式（2・19）に与えられた数値を代入して計算すると，E は次のようになる．

$$E=\left(\frac{10\,\mathrm{k\Omega}+100\,\mathrm{k\Omega}}{10\,\mathrm{k\Omega}}\right)\left(10\frac{\mu V}{{}^\circ\mathrm{C}}\right)(25^\circ\mathrm{C})+(100\,\mathrm{k\Omega})\times\left(1\frac{\mathrm{nA}}{{}^\circ\mathrm{C}}\right)\times(25^\circ\mathrm{C})$$
$$=(2.750+2.5)\,\mathrm{mV}\fallingdotseq 5.25\,\mathrm{mV}$$

【例題 2・7】 例題 2・6 の反転増幅器において，$v_1=0.1\,\mathrm{V}$ の入力電圧が加えられるとき 50°C における出力電圧 v_0 を求めよ．

【解】 50°C における出力電圧 v_0 は，次式で与えられる．

$$v_0=-\frac{R_f}{R_1}v_1\pm E \tag{2・20}$$

したがって，$v_1=0.1\,\mathrm{V}$ および例題 2・6 の結果を代入して

$$v_0=-\frac{100\,\mathrm{k\Omega}}{10\,\mathrm{k\Omega}}\times 0.1\,\mathrm{V}\pm 5.25\,\mathrm{mV}$$
$$=-1\,\mathrm{V}\pm 5.25\,\mathrm{mV}$$

を得る．すなわち，誤差電圧は出力電圧の 0.525% となる．

【例題 2・8】 例題 2・6 の反転増幅器における入力換算誤差電圧 E_i を求めよ．

【解】 $v_1=0$ のとき出力に E なる誤差電圧を生ずるが，この E の電圧を出力するために必要な反転入力電圧を入力換算誤差電圧という．増幅器の利得を A_{fb} とすると，入力換算誤差電圧 E_i と誤差電圧 E との間には次の関係がある．

$$E_i=\frac{E}{A_{fb}}$$

図 2・2 の回路では

$$E_i=\frac{R_1}{R_f}E$$

となる．E に式（2・19）を代入すると，E_i は次式で表される．

$$E_i=\left(\frac{R_f+R_1}{R_f}\right)\left(\frac{\Delta V_{0s}}{\Delta T}\right)\Delta T+R_1\left(\frac{\Delta I_{0s}}{\Delta T}\right)\Delta T \tag{2・21}$$

この式に与えられた数値を代入して計算すると

$$E_i = \left(1+\frac{10\,\mathrm{k}\Omega}{100\,\mathrm{k}\Omega}\right)\left(10\frac{\mu\mathrm{V}}{{}^\circ\mathrm{C}}\right)(25^\circ\mathrm{C}) + (10\,\mathrm{k}\Omega)\left(1\frac{\mathrm{nA}}{{}^\circ\mathrm{C}}\right)(25^\circ\mathrm{C})$$
$$= 0.525\,\mathrm{mV}$$

v_1 なる入力電圧が加えられたときの出力電圧 v_0 は

$$v_0 = -\frac{R_f}{R_1}(v_1 \pm E_i)$$

となる．たとえば，$v_1 = 0.1\,\mathrm{V}$ の場合には次のようになる．

$$v_0 = -\frac{100\,\mathrm{k}\Omega}{10\,\mathrm{k}\Omega}(0.1\,\mathrm{V} \pm 0.525\,\mathrm{mV})$$
$$= -(1 \pm 0.00525)\ \mathrm{V}$$

2・2　バイアス電流と CMRR

増幅器が正常な状態で動作するためには，バイアス電流が最適な値でなければならない．オペアンプを使用する場合にも同様であって，バイアス電流の値が正常であるかどうかを知らなければならない．オペアンプのバイアス電流は，ほとんど初段トランジスタのベース電流に等しい．いま，反転端子のバイアス電流を I_{B2}，非反転端子のバイアス電流を I_{B1} で表すことにする．

図 2・8 はバイアス電流測定回路である．S_1 と S_2 を閉じた状態で，オフセット電圧 V_{0s} が 0 になるように調整しておかれる．コンデンサ C は周波数に対して安定化し，発振をさけるために接続されており，また $R_1 = R_2 = R$ にとられている．通常，$10\,\mathrm{M}\Omega \leq R \leq 1\,000\,\mathrm{M}\Omega$ および $C = 0.01\,\mu\mathrm{F}$ 程度の値が

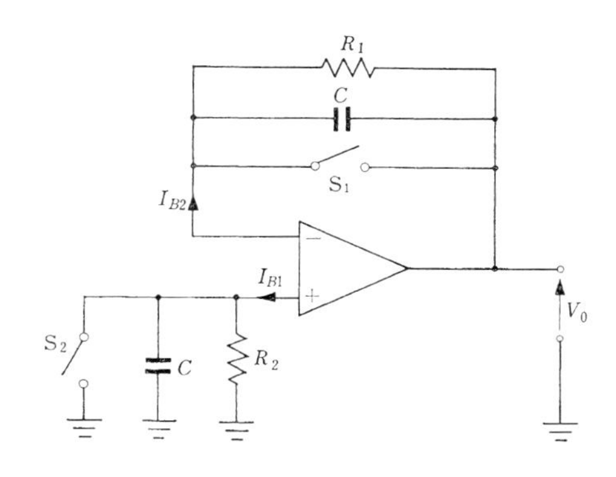

図 2・8　I_B と I_{0s} の測定回路

とられている.

図2・8の回路において，S_1 を開き，S_2 を閉じると I_{B2} は

$$I_{B2} = \frac{V_0 - V_{0s}}{R_1}$$

で与えられる．もし，$V_0 \gg V_{0s}$ ならば

$$I_{B2} = \frac{V_0}{R_1}$$

となる．次に，S_1 を閉じ，S_2 を開くと，I_{B1} は

$$I_{B1} = \frac{V_0 - V_{0s}}{R_2}$$

となり，$V_0 \gg V_{0s}$ ならば

$$I_{B1} = \frac{V_0}{R_2}$$

と近似される.

また，S_1 と S_2 を同時に開くと，入力オフセット電流 I_{0s} は次式で与えられる.

$$I_{0s} = \frac{V_0 - V_{0s}}{R} \qquad (2\cdot22)$$

もし，$V_0 \gg V_{0s}$ ならば

$$I_{0s} = \frac{V_0}{R} \qquad (2\cdot23)$$

と近似される．V_{0s} は，S_1 と S_2 が閉じられた状態で測定される.

さて，オペアンプの反転端子と非反転端子に，それぞれ等しい振幅の電圧を加えても，理想的なオペアンプでは出力電圧は0である．ところが，実際には小さい出力電圧を生ずる．反転端子の入力電圧 v_1 と非反転端子の入力電圧 v_2 が等しく，

$$v_1 = v_2 = v_i$$

であるとき，生ずる出力電圧 v_0 と v_i との比を同相利得(common-mode gain)といい，A_{cm} で表す.

$$A_{cm} = \frac{v_0}{v_i} \qquad (2\cdot24)$$

通常のオペアンプでは，$A_{cm} = 0.01$ 程度の値である．

開ループ利得 A_{0l} と同相利得 A_{cm} との比を同相除去比（common-mode rejection ratio: CMRR）という．すなわち，CMRR は

$$\mathrm{CMRR} = \frac{\text{開ループ利得}}{\text{同相利得}} = \frac{A_{0l}}{A_{cm}} \tag{2・25}$$

で表され，通常のオペアンプでは 1 000 から 10 000 程度の値である．CMRR はデシベル（dB）で表される．

$$\mathrm{CMRR} = 20 \log_{10} \frac{A_{0l}}{A_{cm}} \ (\mathrm{dB}) \tag{2・26}$$

【例題 2・9】 図 2・8 において，$R_1 = R_2 = 1\,\mathrm{M}\Omega$ である．このオペアンプ回路で，次のような出力が測定されている．これから I_{B1}，I_{B2} および I_{0s} を計算せよ．

S_1	S_2	出　　力
閉	閉	＋ 0.04 V
開	閉	＋ 0.1 V
閉	開	－ 0.06 V

【解】 S_1 と S_2 を閉じると，図 2・8 の回路は図 2・9(a) のようになる．したがって，この場合の出力電圧はオフセット電圧 V_{0s} であり，

$$v_0 = V_{0s} = +0.04\,\mathrm{V}$$

となる．

次に，S_1 を開き，S_2 を閉じると，図 2・8 の回路は図 2・9(b) のようになる．この回路において，

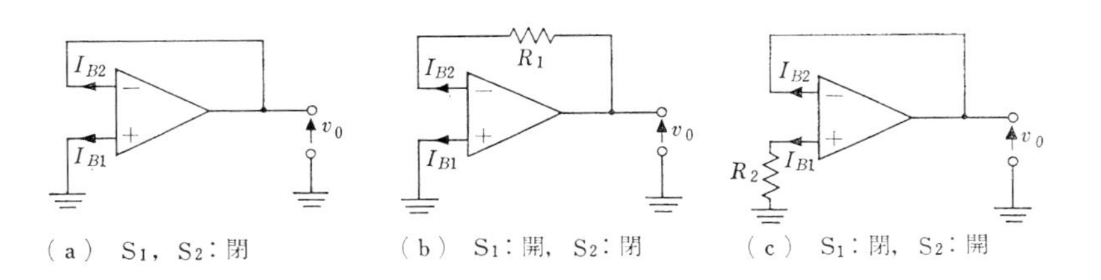

図 2・9 スイッチの状態による図 2・8 の回路の等価回路

$$v_0 - V_{0s} = -I_{B2}R_1$$

の関係が成り立つので，これより I_{B2} は次式で与えられる．

$$I_{B2} = -\frac{v_0 - V_{0s}}{R_1}$$

この式に与えられた数値を代入して I_{B2} を求めると

$$I_{B2} = -\frac{0.1\,\mathrm{V} - 0.04\,V}{1\,\mathrm{M\Omega}} = -60 \times 10^{-9}\,\mathrm{A} = -60\,\mathrm{nA}$$

となる．

次に，S_1 を閉じて S_2 を開くと，図 2·8 の回路は図 2·9(c) のようになる．この回路では

$$I_{B1}R_2 = v_0 - V_{0s}$$

の関係が成り立つので，これより I_{B1} は次式で与えられる．

$$I_{B1} = \frac{v_0 - V_{0s}}{R_2}$$

この式に与えられた数値を代入して I_{B1} を求めると，次のようになる．

$$I_{B1} = \frac{-0.06\,\mathrm{V} - 0.04\,\mathrm{V}}{1\,\mathrm{M\Omega}} = -100 \times 10^{-9}\,\mathrm{A} = -100\,\mathrm{nA}$$

オフセット電流 I_{0s} は

$$I_{0s} = I_{B2} - I_{B1}$$

であるので，上の値を代入して

$$I_{0s} = -60 - (-100)\,\mathrm{nA} = 40\,\mathrm{nA}$$

となる．

【例題 2・10】 図 2·10 に示す非反転増幅器において

$R_1 = 10\,\mathrm{k\Omega}$，$R_f = 100\,\mathrm{k\Omega}$，$A_{0l} = 1\,000$ および $\mathrm{CMRR} = 10\,000$ である．この増幅回路の利得を求めよ．

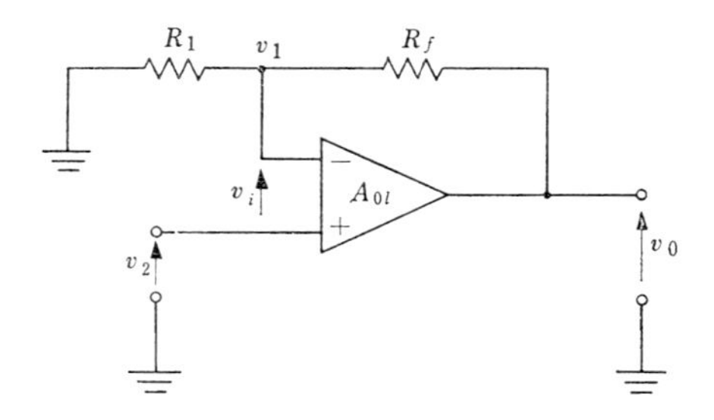

図 2・10　非反転増幅回路

【解】 出力電圧 v_0 は，$v_2 \fallingdotseq v_1$ であるので

$$v_0 = -A_{0l}v_i + A_{cm}v_2$$

となる．また

$$v_i = v_1 - v_2 = v_0\left(\frac{R_1}{R_1+R_f}\right) - v_2$$

であるので，これを上式に代入して

$$v_0 = -A_{0l}\left(\frac{R_1}{R_1+R_f}\right)v_0 + A_{0l}v_2 + A_{cm}v_2$$

を得る．これを v_0 について解くと，次のようになる．

$$v_0 = \frac{v_2(A_{0l}+A_{cm})}{1+A_{0l}\left(\frac{R_1}{R_1+R_f}\right)} \qquad (2\cdot27)$$

したがって，求める利得を A_{fb} とおくと

$$A_{fb} = \frac{v_0}{v_2} = \frac{A_{0l}+A_{cm}}{1+A_{0l}\left(\frac{R_1}{R_1+R_f}\right)} \qquad (2\cdot28)$$

となる．ここで，$R_1/(R_1+R_f)$ は負帰還量であるので

$$\beta = \frac{R_1}{R_1+R_f}$$

とおくと，A_{fb} は次式のようになる．

$$A_{fb} = \frac{A_{0l}+A_{cm}}{1+A_{0l}\beta} = \frac{A_{0l}}{1+A_{0l}\beta} + \frac{A_{cm}}{1+A_{0l}\beta} \qquad (2\cdot29)$$

A_{cm} に式 (2・25) の関係を代入すると，A_{fb} は

$$A_{fb} = \frac{A_{0l}}{1+A_{0l}\beta} + \frac{A_{0l}/\mathrm{CMRR}}{1+A_{0l}\beta} \qquad (2\cdot30)$$

で与えられる．

この式に与えられた数値を代入して利得 A_{fb} を求めると，次のようになる．

$$\beta = \frac{R_1}{R_1+R_f} = \frac{1}{11} = 0.091$$

したがって，

$$A_{fb} = \frac{1\times10^3}{1+(9.1\times10^{-2})\times10^3} + \frac{10^3/10^4}{1+(9.1\times10^{-2})\times10^3}$$

$$= \frac{10^3}{92} + \frac{10^{-1}}{92} = 10.87 + 1.087\times10^{-3} = 10.88$$

【例題 2・11】 図 2・11 は CMRR 測定回路である．図に示すように，2 つの入力端子に同一の電圧 v_i を加えて出力電圧 v_0 を測定すると，CMRR は次式で与えられる．

$$\mathrm{CMRR} \fallingdotseq \frac{v_i}{v_0} \cdot \frac{R_f}{R_1}$$

この関係を求めよ．

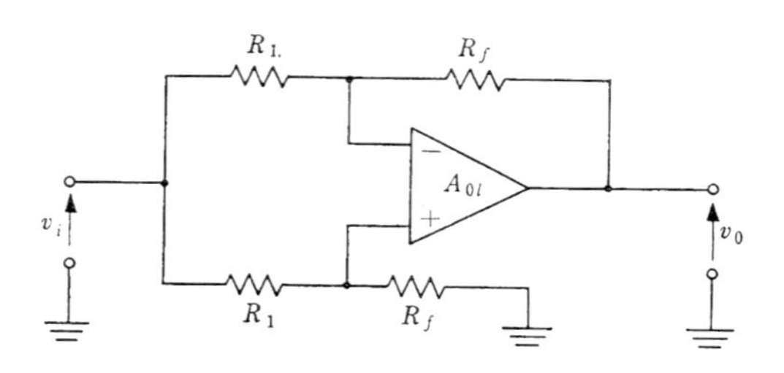

図 2・11　CMRR 測定回路

【解】 回路は線形回路であるので，重ねの理が成り立つ．そこで，図 2·11 の回路を図 2·12(a) および (b) のように2つに分けて考え，それらの出力の和を求めれば図 2·11 の回路の出力が得られる．

まず，図 2·12(a) の回路の出力 v_0' は，前問の式 (2·28) より次のようになる．

$$v_0' = \frac{(A_{0l}+A_{cm})\dfrac{R_f}{R_1+R_f}}{1+A_{0l}\left(\dfrac{R_1}{R_1+R_f}\right)}v_i \tag{2·31}$$

次に，図 2·12(b) の回路の出力 v_0'' は，例題 1·6 より

$$v_0'' = -\frac{A_{0l}\left(\dfrac{R_f}{R_1+R_f}\right)}{1+A_{0l}\left(\dfrac{R_1}{R_1+R_f}\right)}v_i \tag{2·32}$$

となる．したがって，図 2·11 の回路の出力電圧 v_0 は，式 (2·31) と式 (2·32) を加えて次のようになる．

$$\begin{aligned} v_0 &= v_0'+v_0'' \\ &= \frac{A_{cm}\dfrac{R_f}{R_1+R_f}}{1+A_{0l}\left(\dfrac{R_1}{R_1+R_f}\right)}v_i \end{aligned} \tag{2·33}$$

ゆえに

$$A_{fb} = \frac{v_0}{v_i} = \frac{A_{cm}}{1+\dfrac{R_1}{R_f}(1+A_{0l})} \tag{2·34}$$

$A_{cm} = A_{0l}/\mathrm{CMRR}$ であるので，式 (2·34) は

$$A_{fb} = \frac{v_0}{v_i} = \frac{A_{0l}/\mathrm{CMRR}}{1+\dfrac{R_1}{R_f}(1+A_{0l})}$$

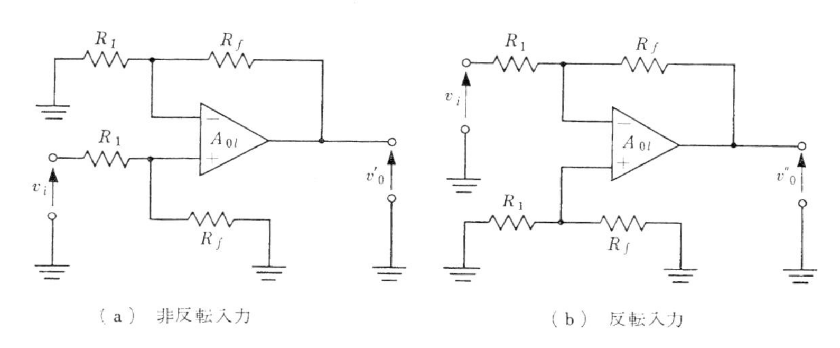

図 2・12　CMRR 測定回路の分解図

となり，したがって

$$\mathrm{CMRR} = \frac{v_i}{v_0}\frac{A_{0l}}{1+\dfrac{R_1}{R_f}(1+A_{0l})} \qquad (2\cdot 35)$$

となる．A_{0l} は1に比べ相当大きいので，式（2･35）は次のように近似される．

$$\mathrm{CMRR} \fallingdotseq \frac{v_i}{v_0}\cdot\frac{R_f}{R_1} \qquad (2\cdot 36)$$

2・3　周 波 数 特 性

オペアンプの周波数特性は，図 2･13 に示すようになる．オペアンプ内の各増幅段は直接結合されているので，低周波特性は直流から一定利得となる．し

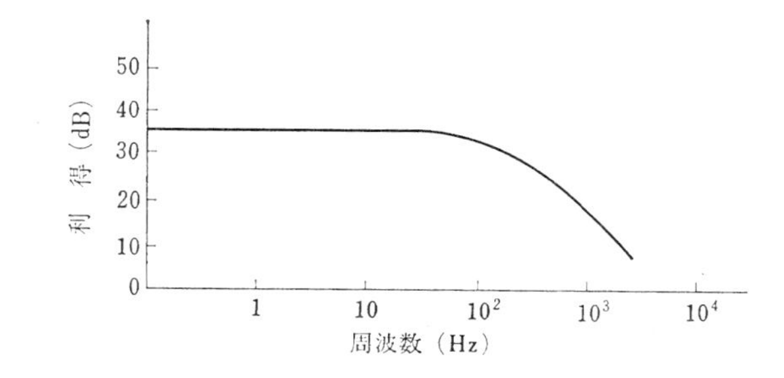

図 2・13　オペアンプの周波数特性

かし，高周波になるとオペアンプの内部に存在する配線の漂遊容量，半導体の障壁容量などの分布容量が影響してきて，利得は減少し始める．

一般に，この高周波特性を計算するために，図 2·14 の等価回路が使用される．図において，R_0 はオペアンプの出力抵抗であり，C は分布容量を1つにまとめて表したキャパシタンスである．この等価回路により，周波数 f の利得 A を求めると

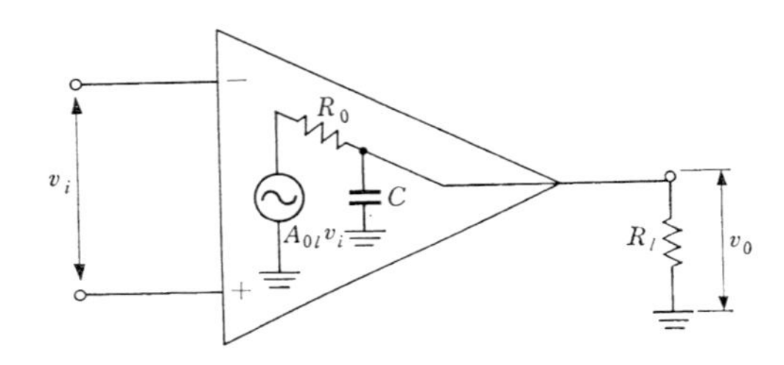

図 2・14　オペアンプの高周波等価回路

$$A = \frac{A_{0l}}{1+j\dfrac{f}{f_1}} \tag{2・37}$$

$$= \frac{A_{0l}}{\sqrt{1+\left(\dfrac{f}{f_1}\right)^2}} \angle -\tan^{-1}\left(\frac{f}{f_1}\right) \tag{2・38}$$

となる．ここに，A_{0l} は低周波における開ループ利得である．また，f_1 は A が A_{0l} よりも 3 dB 減少するところのしゃ断周波数であり，$R_l \gg R_0$ であると次式で表される．

$$f_1 = \frac{1}{2\pi R_0 C} \tag{2・39}$$

式 (2·38) の利得の大きさをデシベル (dB) で表すと

$$A(\mathrm{dB}) = 20\log_{10} A_{0l} - 20\log\left\{1+\left(\frac{f}{f_1}\right)^2\right\}^{1/2} \tag{2・40}$$

となり，f_1 の大小により次のように近似される．

$f \ll f_1$ ならば $A = A_{0l} \angle 0°$ あるいは $A(\mathrm{dB}) = 20\log_{10} A_{0l}$

$f = f_1$ ならば $A = \dfrac{A_{0l}}{\sqrt{2}} \angle -45°$ あるいは $A(\mathrm{dB}) = 20\log_{10} A_{0l} - 3$

$f \gg f_1$ ならば $A = A_{0l}\dfrac{f_1}{f}\angle -90°$ あるいは

$$A(\mathrm{dB}) = 20\log_{10} A_{0l} - 20\log_{10}\left(\frac{f}{f_1}\right)$$

このように，f_1 以上の周波数では利得が減少する．この周波数による利得の減少はロールオフ (roll off) と呼ばれ，一定周波数範囲に対する利得の減少量で表される．これを減少率 (roll off rate) という．周波数範囲としては，2倍 (octave) をとる場合と10倍 (decade) をとる場合とがあり，減少率はそれぞれ dB/octave あるいは dB/decade の単位で表される．

次に，負帰還をかけると周波数特性の帯域幅は増加する．一般に，負帰還のある場合の利得 A_{fb} は

$$A_{fb} = \frac{A}{1 + A\cdot\beta} \tag{2・41}$$

で表される．ここに，β は帰還係数であり，$A\cdot\beta$ はループ利得と呼ばれる．

式 (2・41) に式 (2・37) を代入すると

$$A_{fb} = \frac{A_{fbl}}{1 + j\dfrac{f}{f_{1fb}}} \tag{2・42}$$

となる．A_{fbl} は低周波閉ループ利得であり，また f_{1fb} は閉ループしゃ断周波数であって，それぞれ次式で表される．

$$\left.\begin{aligned} A_{fbl} &= \frac{A_{0l}}{1 + A_{0l}\beta} \\ f_{1fb} &= f_1(1 + A_{0l}\beta) \end{aligned}\right\} \tag{2・43}$$

すなわち，負帰還をほどこしたときのしゃ断周波数は，負帰還のない場合のしゃ断周波数の $(1 + A_{0l}\beta)$ 倍となる．通常 $(1 + A_{0l}\beta) > 1$ であるので $f_{1fb} > f_1$ となり，帯域幅は広くなる．

【例題2・12】 図2・14の等価回路において $A_{0l} = 10^5$, $R_0 = 100\,\Omega$, $C = 100\,\mathrm{pF}$ および $R_l = 10\,\mathrm{k}\Omega$ である．周波数 f と利得 A との関係式およびしゃ断周波数 f_1 を求めよ．

【解】 利得 A は，次式で与えられる．

$$A=\frac{v_0}{v_i}$$

v_0 は R_l と C の並列接続の端子電圧であるので

$$v_0=\frac{\dfrac{R_l(1/j\omega C)}{R_l+(1/j\omega C)}}{R_0+\dfrac{R_l(1/j\omega C)}{R_l+(1/j\omega C)}}A_{0l}v_i$$

したがって，A は次のようになる．

$$A=A_{0l}\left\{\frac{R_l(1/j\omega C)}{R_l+1/j\omega C}\right\}\Big/\left\{R_0+\frac{R_l(1/j\omega C)}{R_l+1/j\omega C}\right\}$$

この式の分母，分子に（$R_l+1/j\omega C$）を掛けると

$$A=\frac{A_{0l}R_l(1/j\omega C)}{R_0R_l+(R_0+R_l)(1/j\omega C)}$$

となり，さらに分母，分子を（$(R_0+R_l)(1/j\omega C)$）でそれぞれ割ると次のようになる．

$$A=A_{0l}\left(\frac{R_l}{R_0+R_l}\right)\left\{\frac{1}{1+\dfrac{R_0R_l}{R_0+R_l}j\omega C}\right\} \tag{2・44}$$

ここで，

$$\frac{R_0R_l}{R_0+R_l}=R_t \tag{2・45}$$

とおくと，上式は

$$A=A_{0l}\frac{R_l}{R_0+R_l}\left(\frac{1}{1+j\omega CR_t}\right) \tag{2・46}$$

と書かれる．もし，$R_l\gg R_0$ ならば

$$\frac{R_l}{R_0+R_l}\fallingdotseq 1 \qquad および \qquad R_t=\frac{R_0R_l}{R_0+R_l}\fallingdotseq R_0 \tag{2・47}$$

と近似されるので，A は

$$A=\frac{A_{0l}}{1+j\omega CR_0}=\frac{A_{0l}}{1+j2\pi fCR_0} \tag{2・48}$$

となる．周波数 f_1 を

$$f_1=\frac{1}{2\pi R_0C} \tag{2・49}$$

と定義すると，f_1 は上限しゃ断周波数となる．これを用いると A は

$$A=\frac{A_{0l}}{1+j\dfrac{f}{f_1}} \tag{2・50}$$

あるいは

$$A=\frac{A_{0l}}{\left\{1+\left(\dfrac{f}{f_1}\right)^2\right\}^{1/2}}\underline{\Big/-\tan^{-1}\left(\frac{f}{f_1}\right)} \tag{2・51}$$

で書き表される．

式 $(2\cdot49)$ に与えられた数値を代入して，しゃ断周波数 f_1 は

$$f_1=\frac{1}{2\pi\times100\times100\times10^{-12}}=15915494.3\,\mathrm{Hz}$$

となる．また，f と A の関係は，式 $(2\cdot50)$ より

$$A=\frac{10^5}{1+jf/15915494.3}$$

で与えられる．

【例題2・13】 オペアンプの周波数特性を論ぜよ．

【解】 周波数 f における利得の大きさをデシベルで表すと，式 $(2\cdot51)$ より次式のようになる．

$$A=20\log A_{0l}-20\log\left\{1+\left(\frac{f}{f_1}\right)^2\right\}^{1/2}\ (\mathrm{dB}) \qquad (2\cdot52)$$

また，位相推移 θ は

$$\theta=-\tan^{-1}\left(\frac{f}{f_1}\right) \qquad (2\cdot53)$$

となる．

この式において，周波数特性は (i) $f\ll f_1$，(ii) $f=f_1$，(iii) $f\gg f_1$ の3つの場合に分けて考えられる．

（i） $f\ll f_1$　これは f がしゃ断周波数よりかなり低い場合である．$f\ll f_1$ であるので式 $(2\cdot52)$ において $(f/f_1)^2\fallingdotseq0$ と近似され

$$\left\{1+\left(\frac{f}{f_1}\right)^2\right\}^{1/2}\fallingdotseq1$$

となる．$20\log1=0$ であるので，式 $(2\cdot52)$ は

$$A\fallingdotseq20\log A_{0l}\ (\mathrm{dB}) \qquad (2\cdot54)$$

となる．また，θ は式 $(2\cdot53)$ より次のようになる．

$$\theta=0^\circ$$

（ii） $f=f_1$　これは f がしゃ断周波数に等しい場合である．この場合には，式 $(2\cdot52)$ は次のようになる．

$$\begin{aligned}A&=20\log A_{0l}-20\log\left\{1+\left(\frac{f}{f_1}\right)^2\right\}^{1/2}\\&=20\log A_{0l}-20\log\sqrt{2}\\&=20\log A_{0l}-20\times0.15\\&=A_{0l}-3\ (\mathrm{dB})\end{aligned} \qquad (2\cdot55)$$

すなわち，$f=f_1$ の場合の利得は低周波利得より 3 dB 減少する．位相推移 θ は，$\tan^{-1}1=45^\circ$ であるので

$$\theta = -45^\circ$$

となる．

(iii)　$f \gg f_1$　これは f がしゃ断周波よりもかなり高い場合である．$f \gg f_1$ であるので $(f/f_1)^2 \gg 1$ となり

$$\left\{1+\left(\frac{f}{f_1}\right)^2\right\}^{1/2} \fallingdotseq \frac{f}{f_1}$$

と近似される．したがって，式 (2·52) は次のようになる．

$$A = 20\log A_{0l} - 20\log\left(\frac{f}{f_1}\right)\ (\text{dB}) \qquad (2\cdot56)$$

この式より f が無限大になると，A は 0 になることがわかる．また，$\tan^{-1}\infty = 90^\circ$ であるので，f が無限大になると θ は

$$\theta = -90^\circ$$

となる．

以上より，周波数に対する利得 A (dB) および位相推移 θ (度) の関係を図に描くと，図 2·15 に示す曲線となる．f_1 において利得は 3 dB 減少し，位相角は -45° となる．また，利得が 1 すなわち A (dB) $= 0$ となる周波数 f_c においては，位相角は -90° となる．

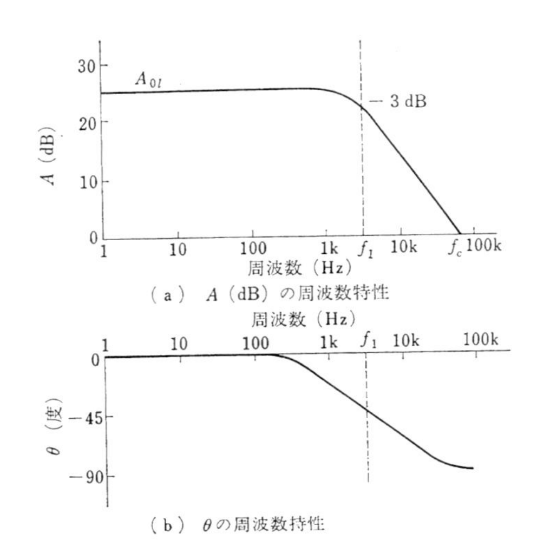

図 2・15　利得の周波数特性

【例題 2・14】 図 2・14 の等価回路において，しゃ断周波数より高い周波数における利得の減少率を求めよ．

【解】 しゃ断周波数 f_1 よりも高い 2 つの周波数 f_a と f_b を考え，それぞれの利得を A_a(dB) と A_b(dB) とする．ここに，$f_b > f_a$ であるとする．f_a と f_b における利得の変化を ΔA(dB) とすると，ΔA は式 (2・40) において $f_a, f_b > f_1$ を考慮して，次のように表される．

$$\begin{aligned}\Delta A &= A_b - A_a\\ &= A_{0l} - 20\log\left(\frac{f_b}{f_1}\right) - \left\{A_{0l} - 20\log\left(\frac{f_a}{f_1}\right)\right\}\\ &= 20\log\left(\frac{f_a}{f_1}\right) - 20\log\left(\frac{f_b}{f_1}\right)\\ &= 20\log\left(\frac{f_a}{f_b}\right)(\text{dB})\end{aligned}$$

f_b が f_a の 10 倍であるならば

$$\Delta A = 20\log\left(\frac{1}{10}\right) = -20\ \text{dB}$$

となる．すなわち，利得の減少率は 20 dB/decade となる．

また，f_b が f_a の 2 倍であるならば

$$\Delta A = 20\log\left(\frac{1}{2}\right) = -6\ \text{dB}$$

となり，減少率は 6 dB/octave となる．

当然のことであるが，20 dB/decade と 6 dB/octave とは同じ減少率を表すものである．

【例題 2・15】 3 個のオペアンプを縦続接続して増幅器が構成されている．それぞれのしゃ断周波数が $f_{11} = 10\,\text{kHz}$，$f_{12} = 40\,\text{kHz}$ および $f_{13} = 120\,\text{kHz}$ であり，また利得の減少率がそれぞれ 6 dB/octave であるとき，この増幅器の利得減少率はいくらになるか．ここに，各オペアンプの低周波における開ループ利得は，それぞれ $A_{0l1} = 30\,\text{dB}$，$A_{0l2} = 20\,\text{dB}$ および $A_{0l3} = 12\,\text{dB}$ であるとする．

【解】 各段の利得 A_{v1}，A_{v2} および A_{v3} は，それぞれ次式で表される．

$$A_{v1} = \frac{A_{0l1}}{\left\{1+\left(\dfrac{f}{f_{11}}\right)^2\right\}^{1/2}} \angle -\tan^{-1}\left(\frac{f}{f_{11}}\right)$$

$$A_{v2} = \frac{A_{0l2}}{\left\{1+\left(\dfrac{f}{f_{12}}\right)^2\right\}^{1/2}} \angle -\tan^{-1}\left(\frac{f}{f_{12}}\right)$$

$$A_{v3} = \frac{A_{0l3}}{\left\{1+\left(\frac{f}{f_{13}}\right)^2\right\}^{1/2}} \underline{\Big/ -\tan^{-1}\left(\frac{f}{f_{13}}\right)}$$

全利得 A_T は各段の利得の積であるので，次式のようになる．

$$A_T = \frac{A_{0l1}A_{0l2}A_{0l3}}{\left\{1+\left(\frac{f}{f_{11}}\right)^2\right\}^{1/2}\left\{1+\left(\frac{f}{f_{12}}\right)^2\right\}^{1/2}\left\{1+\left(\frac{f}{f_{13}}\right)^2\right\}^{1/2}}$$

$$\underline{\Big/ -\tan^{-1}\left(\frac{f}{f_{11}}\right)-\tan^{-1}\left(\frac{f}{f_{12}}\right)-\tan^{-1}\left(\frac{f}{f_{13}}\right)} \qquad (2\cdot 57)$$

各段の利得をデシベルで表すと全利得はそれらの和となり，次式のようになる．

$$A_T = A_{0l1}+A_{0l2}+A_{0l3} - \left[20\log\left\{1+\left(\frac{f}{f_{11}}\right)^2\right\}^{1/2}+20\log\left\{1+\left(\frac{f}{f_{12}}\right)^2\right\}^{1/2}+20\log\left\{1+\left(\frac{f}{f_{13}}\right)^2\right\}^{1/2}\right] \quad \text{(dB)}$$

$f \gg f_{13}$ では

$$A_T = A_{0l1}+A_{0l2}+A_{0l3} - 20\log\frac{f^3}{f_{11}f_{12}f_{13}} \quad \text{(dB)}$$

となる．これを図に書くと，図 2·16 のようになる．

$f < f_{11} = 10$ kHz の範囲では

$$A_T = 30\ \text{dB}+20\ \text{dB}+12\ \text{dB} = 62\ \text{dB}$$

となる．$f_{11} = 10$ kHz から $f_{12} = 40$ kHz の範囲では，1段目は 6 dB/octave で減少するが，2段目と3段目は一定である．全利得 A_T (dB) は，これらの和となる．

$f_{12} = 40$ kHz から $f_{13} = 120$ kHz までは1段目と2段目の利得が 6 dB/octave で

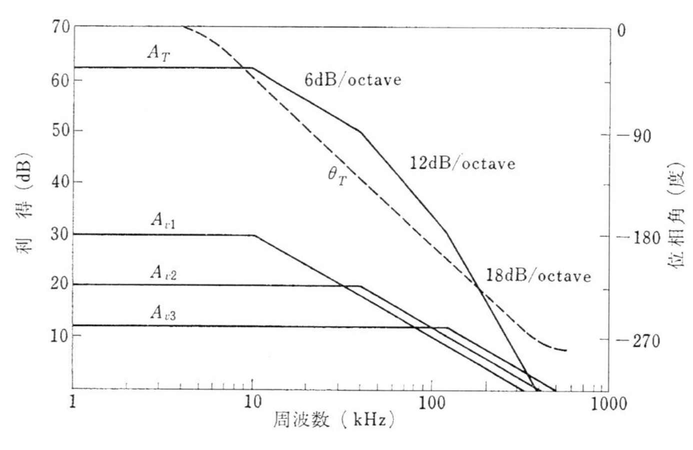

図 2・16　縦続接続増幅器の周波数特性

減少し，3段目の利得は 12 dB と一定である．したがって，f_{11} と f_{12} との間の利得の減少率は 12 dB/octave となる．

$f_{13}=120$ kHz から A_T(dB) が0となる周波数 $f_c=390$ kHz までは各段がすべて 6 dB/octave の減少率を有するので，全利得の減少率は 18 dB/octave となる．

次に，全位相遅れ θ_T は，式 (2·57) から次のようになる．

$$-\theta_T=-\tan^{-1}\left(\frac{f}{f_{11}}\right)-\tan^{-1}\left(\frac{f}{f_{12}}\right)-\tan^{-1}\left(\frac{f}{f_{13}}\right)$$

各段の増幅器の位相は，いずれもしゃ断周波数において $-45°$ となり，さらに利得が 0 になる周波数において $-90°$ となる．したがって，全位相遅れは図 2·16 の点線のようになり，$f_c=390$ kHz では $-270°$ となる．

【例題 2・16】 $A_{0l}=60$ dB, $f_1=5$ kHz のオペアンプに負帰還をかけ，閉ループ利得 $A_{fb}=20$ dB とした．このオペアンプ回路のしゃ断周波数 f_{1fb} を求めよ．

【解】 利得減少率が 6 dB/octave のオペアンプの開ループの利得 A は

$$A=\frac{A_{0l}}{\left(1+j\dfrac{f}{f_1}\right)} \tag{2・58}$$

で表される，ここに，A_{0l} は低周波における開ループ利得であり，f_1 はしゃ断周波数である．また，帰還増幅器の利得 A_{fb} は帰還係数を β とすると，一般に

$$A_{fb}=\frac{A}{1+A\beta} \tag{2・59}$$

で表されるので，この式の A に式 (2·51) を代入して

$$A_{fb}=\left(\frac{A_{0l}}{1+j\dfrac{f}{f_1}}\right)\Bigg/\left(1+\frac{\beta A_{0l}}{1+j\dfrac{f}{f_1}}\right)=\left(\frac{A_{0l}}{1+A_{0l}\beta}\right)\Bigg/\left\{1+j\frac{f}{f_1(1+A_{0l}\beta)}\right\} \tag{2・60}$$

となる．帰還のある場合の低周波利得を A_{fbl} とし，またしゃ断周波数を f_{1fb} とすると

$$A_{fb}=\frac{A_{fbl}}{1+j\dfrac{f}{f_{1fb}}} \tag{2・61}$$

となる．式 (2·60) と式 (2·61) とより，A_{fbl} と f_{1fb} は

$$A_{fbl}=\frac{A_{0l}}{1+A_{0l}\beta} \tag{2・62}$$

$$f_{1fb}=f_1(1+A_{0l}\beta) \tag{2・63}$$

となる．

このオペアンプ回路の周波数特性は，図 2·17 のようになる．これらの式および図よ

り明らかなように，帰還のある場合のしゃ断周波数は帰還のない場合のしゃ断周波数 f_1 の $(1+A_{0l}\beta)$ 倍となり，$(1+A_{0l}\beta)>1$ であるので $f_{1b}>f_1$ となる．すなわち，帰還をかけることによって，帯域幅は増加する．

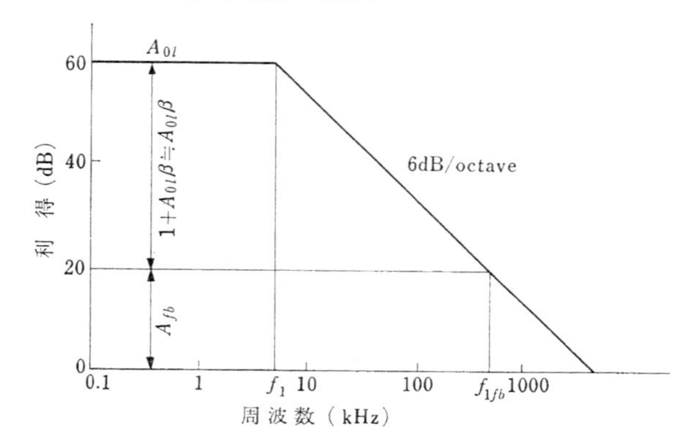

図 2・17　オペアンプ回路の周波数特性

さて，$A_{0l}=60\,\text{dB}=1\,000$ および $A_{fb}=20\,\text{dB}$ であるので，$(1+A_{0l}\beta)\,(\text{dB})$ は式 (2･62) より

$$(1+A_{0l}\beta)\,(\text{dB}) = A_{0l}\,(\text{dB})-A_{fbl}(\text{dB}) = 60\,\text{dB}-20\,\text{dB}$$
$$= 40\,\text{dB} = 100$$

となり，したがってしゃ断周波数 f_{1fb} は

$$f_{1fb} = f_1(1+A_{0l}\beta)$$
$$= 5\,\text{kHz}\times 100 = 500\,\text{kHz}$$

となる．

このように，帯域幅 5 kHz であったオペアンプは，40 dB の帰還をかけることにより帯域幅が 500 kHz まで広くなる．

【例題 2・17】　開ループ利得 A_{0l} が 60 dB であり，しゃ断周波数 f_1 が 5 kHz のオペアンプに帰還をかけ，しゃ断周波数 $f_{1fb}=300\,\text{kHz}$ とした．この場合の閉ループ利得 A_{fb} を求めよ．

【解】　式 (2･63) を β について解くと

$$\beta = \frac{f_{1fb}-f_1}{f_1 A_{0l}}$$

となる．この式に与えられた数値を代入して

$$\beta = \frac{300\,\text{kHz}-5\,\text{kHz}}{5\,\text{kHz}\times 1\,000} = \frac{295}{5\,000} = 0.059$$

を得るので，閉ループ利得 A_{fb} は次のようになる．

$$A_{fb}=\frac{A_{0l}}{1+A_{0l}\beta}=\frac{1\,000}{1+1\,000\times 0.059}$$
$$=\frac{1\,000}{60}=16.67=24.4\ \mathrm{dB}$$

【例題 2・18】 開ループ利得 A_{0l} が 10 000 であり，しゃ断周波数 f_1 が 400 Hz のオペアンプを用いて，しゃ断周波数 f_{1fb} が 150 kHz の帰還増幅器とした．この場合の閉ループ利得 A_{fb} を求めよ．

【解】 帰還増幅器の利得 A_{fb} およびしゃ断周波数 f_{1fb} は，次式で与えられる．

$$A_{fb}=\frac{A_{0l}}{1+A_{0l}\beta}$$
$$f_{1fb}=f_1(1+A_{0l}\beta)$$

したがって，利得・帯域幅積（Gain Bandwidth Product）を求めると

$$A_{fb}\cdot f_{1fb}=\frac{A_{0l}}{1+A_{0l}\beta}f_1(1+A_{0l}\beta)$$

すなわち

$$A_{fb}\cdot f_{1fb}=A_{0l}\cdot f_1 \tag{2・64}$$

となる．この式に与えられた数値を代入して A_{fb} を求めると，次のようになる．

$$A_{fb}=\frac{A_{0l}\cdot f_1}{f_{1fb}}=\frac{10^4\times 400\ \mathrm{Hz}}{150\times 10^3\ \mathrm{Hz}}$$
$$=26.67$$

【例題 2・19】 図 2・18 に示す周波数特性の反転形増幅器がある．次の閉ループ利得の場合に，回路は安定であるか否かを調べよ．ただし，$A_{0l}=65\ \mathrm{dB}$，$f_1=10\ \mathrm{kHz}$，$f_2=40\ \mathrm{kHz}$，$f_3=160\ \mathrm{kHz}$ および $f_c=480\ \mathrm{kHz}$ である．

（a） $A_{fb}=55\ \mathrm{dB}$　　（b） $A_{fb}=50\ \mathrm{dB}$

（c） $A_{fb}=35\ \mathrm{dB}$　　（d） $A_{fb}=25\ \mathrm{dB}$

【解】 帰還増幅器においては，入力への帰還量が入力信号よりも大きく，そして同相になると不安定となって発振する．すなわち，ループ利得の大きさが1より大きく，そして 180° 以上の位相回転となると発振する．そこで，ループ利得が1すなわち 0 dB となる周波数 f_{cl} における位相角 θ_{cl} を求め，その値によって安定性を判別することができる．

（a） $A_{fb}=55\ \mathrm{dB}$ の場合　　$A_{0l}=65\ \mathrm{dB}$ であるので，ループ利得は $65\ \mathrm{dB}-55\ \mathrm{dB}=10\ \mathrm{dB}=3.1$ となる．このループ利得が零になる周波数 f_{cl1} は，次の式より求められる．

$$f_{cl1}=f_1(1+A_{0l}\beta)=10\times3.1=31\ \text{kHz}$$

この周波数における位相角 θ_{cl1} は，式（2･57）より次のようになる．

$$\theta_{cl1}=-\tan^{-1}\left(\frac{31\,\text{kHz}}{10\,\text{kHz}}\right)-\tan^{-1}\left(\frac{31\,\text{kHz}}{40\,\text{kHz}}\right)-\tan^{-1}\left(\frac{31\,\text{kHz}}{160\,\text{kHz}}\right)$$
$$=-72.15°-37.8°-11°=-120.95°$$

すなわち，$|\theta_{cl1}|<180°$ であるので，増幅器は安定である．

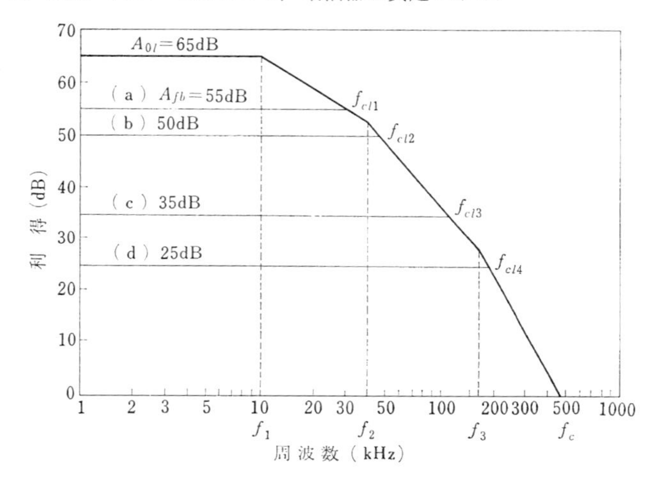

図 2・18　増幅器の周波数特性

（b）　$A_{fb}=50$ dB の場合　　ループ利得は 15 dB となり，また $f_{cl2}=43.5$ kHz となる．したがって，θ_{cl2} は

$$\theta_{cl2}=-\tan^{-1}\left(\frac{43.5\,\text{kHz}}{10\,\text{kHz}}\right)-\tan^{-1}\left(\frac{43.5\,\text{kHz}}{40\,\text{kHz}}\right)-\tan^{-1}\left(\frac{43.5\,\text{kHz}}{160\,\text{kHz}}\right)$$
$$=-77°-47.4°-15.2°=-139.6°$$

となる．この値は 180° より小さいので，増幅器は安定である．

（c）　$A_{fb}=35$ dB の場合　　ループ利得は 30 dB となり，また $f_{cl3}=115$ kHz となる．したがって，θ_{cl3} は

$$\theta_{cl3}=-\tan^{-1}\left(\frac{115\,\text{kHz}}{10\,\text{kHz}}\right)-\tan^{-1}\left(\frac{115\,\text{kHz}}{40\,\text{kHz}}\right)-\tan^{-1}\left(\frac{115\,\text{kHz}}{160\,\text{kHz}}\right)$$
$$=-85.03°-71.8°-35.8°=-191.91°$$

となる．この場合には $|\theta_{cl3}|>180°$ となり，$A_{fb}=35\,\text{dB}>|$ であるので増幅器は発振する．

（d）　$A_{fb}=25$ dB の場合　　ループ利得は 40 dB となり，また $f_{cl4}=190$ kHz となる．したがって，θ_{cl4} は

$$\theta_{cl4}=-\tan^{-1}\left(\frac{190\,\mathrm{kHz}}{10\,\mathrm{kHz}}\right)-\tan^{-1}\left(\frac{190\,\mathrm{kHz}}{40\,\mathrm{kHz}}\right)-\tan^{-1}\left(\frac{190\,\mathrm{kHz}}{160\,\mathrm{kHz}}\right)$$
$$=-87°-78.3°-49.9°=-215°$$

となる．この場合にも $|\theta_{cl4}|>180$ となり，$A_{fb}=25\,\mathrm{dB}>1$ であるので増幅器は発振する．

【例題 2・20】 図 2・19 は，遅れ位相補償回路付反転増幅器である．$R=4\,\mathrm{k}\Omega$ として反転増幅器の利得 $A_{fb}=23\,\mathrm{dB}$ であり，またオペアンプが次の特性をもつときに R_c および C_c の値を求めよ．

$A_{0l}=60\,\mathrm{dB}$, $f_1=12\,\mathrm{kHz}$, $f_2=100\,\mathrm{kHz}$

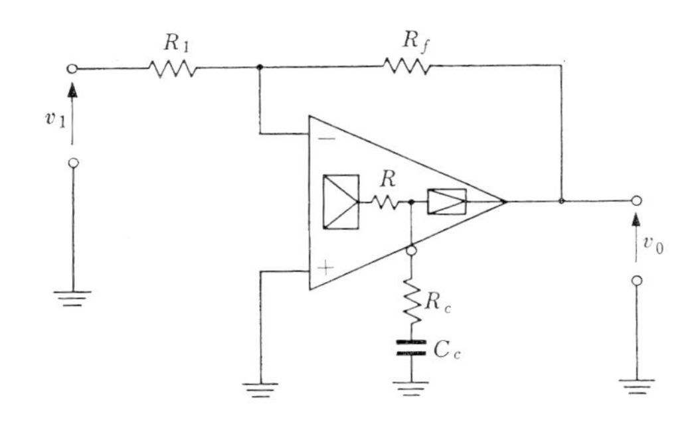

図 2・19 遅れ位相補償回路付反転増幅器

【解】 与えられたオペアンプの特性は，図 2・20 (a) の点線のようになる．また，図 2・19 の補償回路の部分を抜きだして書くと図 2・21 のようになり，この回路の入力と出力との比 v_2/v_i は次のようになる．

$$\frac{v_2}{v_i}=\frac{R_c+\dfrac{1}{j\omega C_c}}{R+R_c+\dfrac{1}{j\omega C_c}}$$

$$=\frac{1+j\omega R_c C_c}{1+j\omega C_c(R+R_c)} \tag{2・65}$$

ここで，f_x と f_y を

$$f_x=\frac{1}{2\pi C_c(R+R_c)} \tag{2・66}$$

および

$$f_y=\frac{1}{2\pi C_c R_c} \tag{2・67}$$

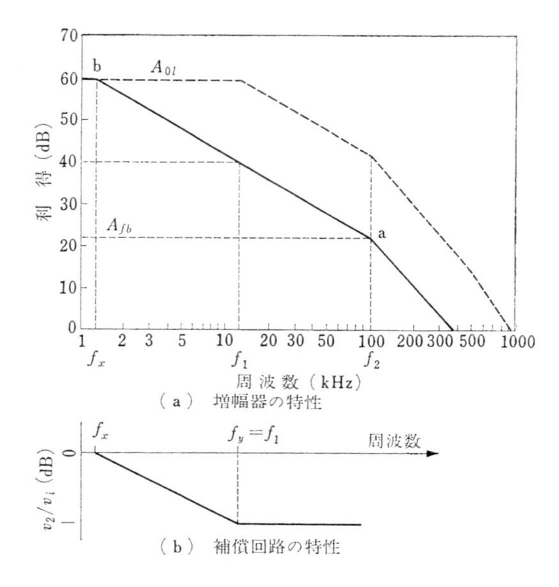

（a）増幅器の特性

（b）補償回路の特性

図 2・20　反転増幅器の周波数補償特性

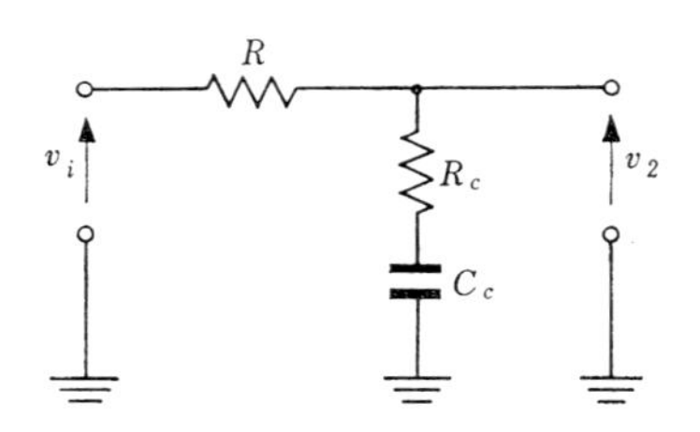

図 2・21　遅れ位相補償回路

とおくと，式 (2·65) は次のようになる．

$$\frac{v_2}{v_i}=\frac{1+j\left(\dfrac{f}{f_y}\right)}{1+j\left(\dfrac{f}{f_x}\right)}$$

$$=\frac{\left\{1+\left(\dfrac{f}{f_y}\right)^2\right\}^{1/2}}{\left\{1+\left(\dfrac{f}{f_x}\right)^2\right\}^{1/2}}\underline{\Big/\tan^{-1}\left(\dfrac{f}{f_y}\right)-\tan^{-1}\left(\dfrac{f}{f_x}\right)} \tag{2・68}$$

デシベルで表すと，

$$\frac{v_2}{v_i}\,(\mathrm{dB}) = 20\log\sqrt{1+\left(\frac{f}{f_y}\right)^2} - 20\log\sqrt{1+\left(\frac{f}{f_x}\right)^2} \qquad (2\cdot69)$$

となる．

これより，v_2/v_i の周波数特性を図に書くと，図 2・20(b) のようになる．$f_y > f_x$ であり，$f < f_x$ では特性は一定となる．f_x から f_y までの周波数範囲では，特性は 6 dB/octave の傾斜で減少する．そして，f_y 以上で再び一定となる．この $f > f_y$ における v_2/v_i の値は，式 (2・69) において $f \gg f_y > f_x$ と近似して求められる．この値は補償回路を接続したことによる損失であって，これを M とおくと次式で与えられる．

$$M = 20\log\frac{R+R_c}{R_c} \qquad (2\cdot70)$$

さて，図 2・20(a) の点線で示されるオペアンプの特性に同図 (b) の特性が加えられるので，回路の総合特性は図 2・20(a) の実線のようになる．f_x 以下の周波数においては補償回路のインピーダンスが非常に大きいので，利得は非補償特性と同じになる．f_x より高くなると，特性は 6 dB/octave で減少し始める．f_1 で非補償オペアンプの特性が 6 dB/octave で減少し始めるので，そのままであると f_1 以上では 12 dB/octave で減少することになる．

回路が発振しないためには，特性が 6 dB/octave で減少しなければならない．そのためには，補償回路の特性が f_1 以上では一定でなければならない．そこで，$f_y = f_1$ にとる．これによって，特性は f_1 から f_2 まで 6 dB/octave で減少することになる．

まず，ボード線図より f_x を求める．図 2・20(a) の $f_2 = 100$ kHz における垂直線と $A_{fb} = 23$ dB の水平線との交点 a を求め，点 a より 6 dB/octave の傾斜をもつ直線 ab を引く．この直線が A_{0l} の特性と交る点 b の周波数が f_x である．図より，$f_x = 1.2$ kHz と求まる．

次に，$f_1 = f_y = 12$ kHz にとるので，M は f_1 における利得の減少となる．$f_1 = 12$ kHz における垂直線と直線 ab との交点の利得は 40 dB であるので

$$M = A_{0l} - 40 = 20\ \mathrm{dB}$$

となる．したがって，式 (2・70) より R_c は，次のように求められる．

$$R_c = \frac{R}{\left(\log^{-1}\dfrac{M}{20}\right)-1} = \frac{4\,\mathrm{k}\Omega}{9} = 445\ \Omega$$

また，C_c は，式 (2・67) より次のようになる．

$$C_c = \frac{1}{2\pi R_c f_y} = \frac{1}{2\pi\times445\times12\times10^3} = 0.03\ \mu\mathrm{F}$$

2・4　スルーレート

オペアンプにステップ状入力電圧を加える場合，ある値より大きくなると出力電圧は図 2・22 のように入力電圧に忠実に応答しなくなる．この原因は内部キャパシタンスによるものであり，入力電圧の変化に応じて増幅器が直ちには応答できないためである．

この単位時間当りの出力電圧の変化率の最大値をスルーレート（slew rate）といい，次式で定義されている．

$$\text{スルーレート}\ S = \left(\frac{\Delta v_0}{\Delta t}\right)_{\max} \qquad (2\cdot 71)$$

通常スルーレートは V/μs の単位で表され，標準的なオペアンプでは 0.3〜10 V/μs である．

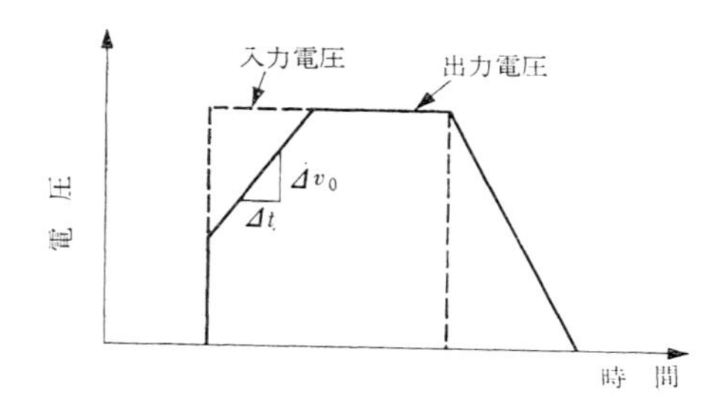

図 2・22　スルーレートを示す特性

【例題 2・21】　スルーレート S が 10 V/μs であるオペアンプの 1 MHz における最大無ひずみピーク出力電圧を求めよ．ただし，1 MHz は増幅器の帯域幅内にあるものとする．

【解】　スルーレート S は

$$S = \left(\frac{\Delta v_0}{\Delta t}\right)_{\max}$$

と定義されている．いま，出力電圧を $v_0 = V_p \sin 2\pi f t$ とすると，これを微分して

$$\frac{dv_0}{dt} = 2\pi f V_p \cos 2\pi f t$$

を得る．この最大値 $(dv_0/dt)_{\max}$ は $\cos 2\pi f t = 1$ のときに生じ，$2\pi f V_p$ となる．したがって，S は次のようになる．

$$S = \left(\frac{dv_0}{dt}\right)_{\max} = 2\pi f V_p \qquad (2\cdot72)$$

これを V_p について解き，与えられた数値を代入して

$$V_p = \frac{S}{2\pi f} = \frac{10\ \mathrm{V}/\mu\mathrm{s}}{6.28\times10^6\ \mathrm{Hz}} = 1.59\ \mathrm{V}$$

を得る．

【例題 2・22】 20 V/μs のスルーレート S および 800 kHz の閉ループしゃ断周波数 f_{1fb} をもつ増幅器がある．この増幅器を使用して，250 kHz まで 5 V のピーク電圧 V_p 以上の出力を得ることができるか．

〔解〕 前問より，S は次式で与えられる．

$$S = V_p \cdot 2\pi f_{1fb}$$

S と V_p に与えらた数値を代入して f_{1fb} を解くと

$$f_{1fb} = \frac{S}{2\pi V_p} = \frac{20\ \mathrm{V}/\mu\mathrm{s}}{6.28\times5\ \mathrm{V}} = 636\ \mathrm{kHz}$$

となる．すなわち，この増幅器はピーク電圧 5 V で 636 kHz まで使用できるので，250 kHz までは十分使用可能である．

練 習 問 題

1. 図 2・2 の反転増幅器において，電源電圧は ±15 V であり，また $V_{0s\max} = 10$ mV，$R_1 = 10$ kΩ および $R_f = 100$ kΩ である．$R_4 = 200$ kΩ として，R_2 および R_a を求めよ．
2. 図 2・3 の非反転増幅器において，電源電圧は ±15 V であり，また $V_{0s\max} = 7$ mV，$R_1 = 10$ kΩ および $R_f = 200$ kΩ である．$R_4 = 200$ kΩ として，R_s，R_a および R_b を求めよ．
3. $R_1 = 20$ kΩ および $R_f = 300$ kΩ の反転増幅器において，オペアンプのドリフトが $|\Delta V_{0s}/\Delta T| = 1$ mV/°C および $|\Delta I_{0s}/\Delta T| = 0.8$ nA/°C である．温度が 25°C から 50°C まで増加すると，出力はどのように変化するか．
4. 3 の問題における入力換算誤差 E_i を求めよ．
5. 図 2・3 の非反転増幅器において，温度 ΔT の変化によってオフセット電圧および電流の変化が ΔV_{0s} および ΔI_{0s} である．入力換算誤差電圧 E_i を求めよ．ただし，オペアンプのドリフトは $|\Delta V_{0s}/\Delta T| = 1$ mV/°C および $|\Delta I_{0s}/\Delta T| = 0.8$ nA/°C であり，$\Delta T = 25$°C とする．また，$R_f = 100$ kΩ および $R_1 = R_A + R_B = 10$ kΩ である．
6. 図 2・8 の測定回路において，$R_1 = R_2 = 1$ MΩ である．S_1 および S_2 の開閉によって，次のような出力が測定された．これから I_{B1}，I_{B2} および I_{0s} を計算せよ．

S_1	S_2	出　　力
閉	閉	＋ 0.02 V
開	閉	＋ 0.15 V
閉	開	－ 0.08 V

7. 図2·10の非反転増幅器において，$R_1 = 20\,\mathrm{k\Omega}$，$R_f = 500\,\mathrm{k\Omega}$，$A_{0l} = 30\,000$ および CMRR $= 100\,000$ である．この増幅器の利得を求めよ．

8. $A_{0l} = 10\,000$ およびしゃ断周波数 $f_1 = 5\,\mathrm{kHz}$ の増幅器がある．20 kHz における利得を求めよ．

9. 図2·14の等価回路において，$A_{0l} = 10\,000$，$R_0 = 200\,\Omega$，$C = 150\,\mathrm{pF}$ および $R_l = 5\,\mathrm{k\Omega}$ である．利得と周波数の関係を求め，しゃ断周波数 f_1 を求めよ．また，この場合のボード線図を書け．

10. 3個のオペアンプを縦続接続して，増幅器が構成されている．それぞれのオペアンプの利得は $A_{0l1} = 25\,\mathrm{dB}$，$A_{0l2} = 20\,\mathrm{dB}$ および $A_{0l3} = 15\,\mathrm{dB}$ であり，またしゃ断周波数は $f_{11} = 5\,\mathrm{kHz}$，$f_{12} = 10\,\mathrm{kHz}$ および $f_{13} = 15\,\mathrm{kHz}$ である．これらの特性および総合特性をボード線図に書け．

11. $A_{0l} = 65\,\mathrm{dB}$，$f_1 = 10\,\mathrm{kHz}$ のオペアンプに帰還をかけ．$A_{fb} = 25\,\mathrm{dB}$ とした．このオペアンプ回路のループ利得としゃ断周波数を求めよ．

12. 増幅器の利得帯域幅積が，2 MHz である場合に次の量を求めよ．

(a) 1 MHz における利得

(b) 利得15の場合の帯域幅

13. 図2·19において，$R = 10\,\mathrm{k\Omega}$，$f_1 = 20\,\mathrm{kHz}$，$f_2 = 120\,\mathrm{kHz}$ および $A_{0l} = 65\,\mathrm{dB}$ である．$A_{fb} = 20\,\mathrm{dB}$ で増幅器が安定に動作するように，R_c と C_c の値を決定せよ．

14. スルーレートが $5\,\mathrm{V/\mu s}$ であるオペアンプを 50 kHz で使用する場合に，無ひずみピーク電圧を求めよ．

線形回路 3

3・1 加減算回路

加減算回路には加算器と減算器が含まれる．図3・1は反転形加算係数器（inverting scaling adder）である．出力電圧 v_0 は

$$v_0 = -\left(\frac{R_f}{R_1}v_1 + \frac{R_f}{R_2}v_2 + \cdots + \frac{R_f}{R_n}v_n\right) \qquad (3 \cdot 1)$$

で与えられる．また，$R_1 = R_2 = \cdots = R_n = R_f$ の場合には

$$v_0 = -(v_1 + v_2 + \cdots + v_n) \qquad (3 \cdot 2)$$

となる．これを反転形加算器（inverting adder）という．

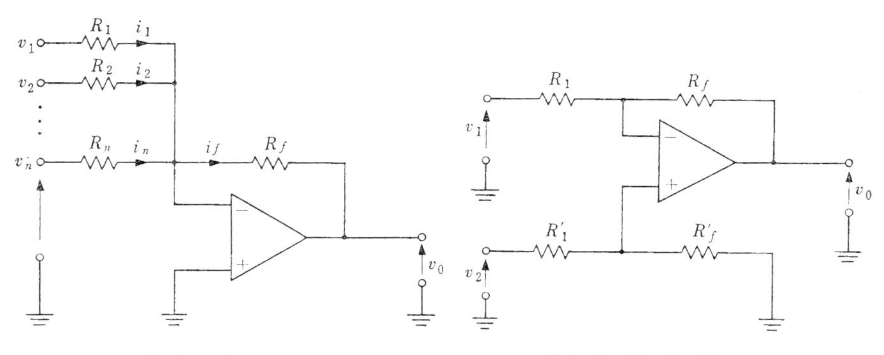

図 3・1 反転形加算係数器　　図 3・2 減算器

次に，図 3・2 は減算器（subtracter）である．出力電圧 v_0 は次式で与えられる．

$$v_0 = \frac{R_f'}{R_1'}v_2 - \frac{R_f}{R_1}v_1 \qquad (3 \cdot 3)$$

【例題 3・1】 図 3・3 の加算係数器において，$R_1 = 20\,\mathrm{k\Omega}$, $R_2 = 50\,\mathrm{k\Omega}$, $R_3 = 25\,\mathrm{k\Omega}$ および $R_f = 100\,\mathrm{k\Omega}$ である．入力端子に $v_1 = 1\,\mathrm{V}$, $v_2 = 2\,\mathrm{V}$ および $v_3 = -3\,\mathrm{V}$ が加えられるとき，出力電圧 v_0 を求めよ．

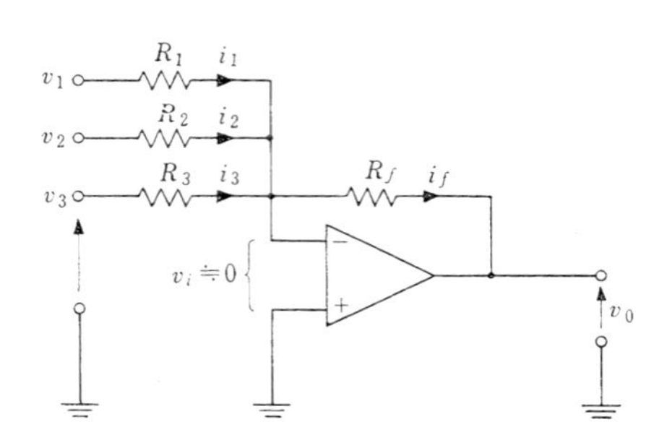

図 3・3　3 入力加算係数器

【解】 オペアンプの入力抵抗は十分高く，帰還電流に比してバイアス電流は省略できるものとする．すると，キルヒホッフの電流則により

$$i_1 + i_2 + i_3 = i_f \tag{3・4}$$

が成り立つ．また，開ループ利得が十分大きいと，オペアンプの入力電圧 v_i は $v_i \fallingdotseq 0$ とみなされる．そこで，各部の電流は

$$i_1 = \frac{v_1}{R_1}, \quad i_2 = \frac{v_2}{R_2}, \quad i_3 = \frac{v_3}{R_3} \quad \text{および} \quad i_f = -\frac{v_0}{R_f} \tag{3・5}$$

で与えられるので，これらを式 (*3・4*) に代入して

$$\frac{v_1}{R_1} + \frac{v_2}{R_2} + \frac{v_3}{R_3} = -\frac{v_0}{R_f}$$

を得る．これを v_0 について解くと，出力電圧は次のようになる．

$$v_0 = -\left(\frac{R_f}{R_1}v_1 + \frac{R_f}{R_2}v_2 + \frac{R_f}{R_3}v_3\right) \tag{3・6}$$

この式に与えられた数値を代入して

$$\begin{aligned} v_0 &= -\left\{1\,\mathrm{V}\left(\frac{100\,\mathrm{k\Omega}}{20\,\mathrm{k\Omega}}\right) + 2\,\mathrm{V}\left(\frac{100\,\mathrm{k\Omega}}{50\,\mathrm{k\Omega}}\right) - 3\,\mathrm{V}\left(\frac{100\,\mathrm{k\Omega}}{25\,\mathrm{k\Omega}}\right)\right\} \\ &= -(1\,\mathrm{V}\times 5 + 2\,\mathrm{V}\times 2 - 3\,\mathrm{V}\times 4) = -(5+4-12)\,\mathrm{V} = -(-3)\,\mathrm{V} = 3\,\mathrm{V} \end{aligned}$$

となる．

【例題 3・2】 図 3・4 の回路において，$v_1 = 3\,\mathrm{V}$ および $v_2 = -4\,\mathrm{V}$ の入力電圧が加えられている．このときの出力電圧 v_0 を求めよ．

【解】 オペアンプの入力インピーダンスおよび開ループ利得が十分大きいと，オペアンプの入力電流と入力電圧は 0 とみなすことができる．したがって，次の式が成り立つ．

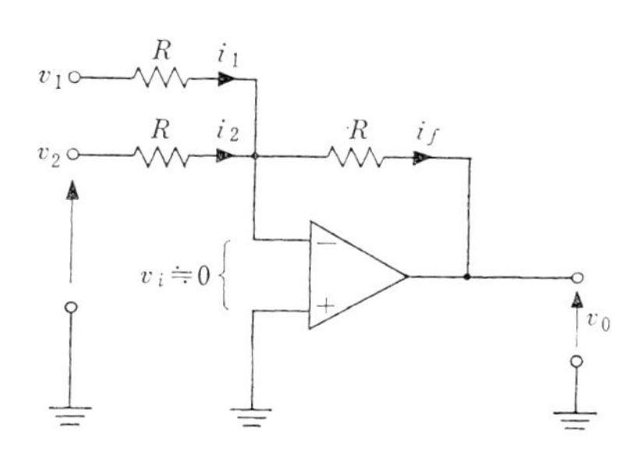

図 3・4 2入力加算器

$$\left.\begin{aligned} i_1+i_2 &= i_f \\ i_1 &= \frac{v_1}{R} \\ i_2 &= \frac{v_2}{R} \\ i_f &= -\frac{v_0}{R} \end{aligned}\right\} \qquad (3\cdot7)$$

これらの式を解いて v_0 を求めると，次のようになる．

$$v_0 = -(v_1+v_2) \qquad (3\cdot8)$$

この式に与えられた数値を代入して

$$v_0 = -(3\,\mathrm{V}-4\mathrm{V}) = 1\,\mathrm{V}$$

となる．

【例題 3・3】 図 3・3 の回路において

$$v_0 = -(6v_1+3v_2+4v_3)$$

$$R_f = 200\,\mathrm{k}\Omega$$

である．R_1, R_2 および R_3 を求めよ．

【解】 v_1, v_2 および v_3 の入力電圧に対する出力電圧 v_0 は，式 (3・6) で与えられる．すなわち

$$v_0 = -\left(\frac{R_f}{R_1}v_1+\frac{R_f}{R_2}v_2+\frac{R_f}{R_3}v_3\right)$$

この式と与えられた式とを比較すると，まず v_1 について

$$6v_1 = \frac{R_f}{R_1}v_1$$

が得られる．したがって，与えられた R_f の値を代入して，R_1 は

$$R_1 = \frac{R_f}{6} = \frac{200\,\mathrm{k\Omega}}{6} = 33.3\,\mathrm{k\Omega}$$

となる．同様に，v_2 および v_3 の係数を比較することにより

$$R_2 = \frac{200\,\mathrm{k\Omega}}{3} = 66.6\,\mathrm{k\Omega}$$

および

$$R_3 = \frac{200\,\mathrm{k\Omega}}{4} = 50\,\mathrm{k\Omega}$$

が得られる．

【例題 3・4】 図3・1の回路において，出力電圧 v_0 が入力電圧の平均値に等しくなるための条件を求めよ．

【解】 オペアンプの入力インピーダンスと開ループ利得が十分大きいとすると，次式が得られる．

$$\left.\begin{aligned} &i_1+i_2+\cdots+i_n = i_f \\ &i_1 = \frac{v_1}{R_1} \\ &i_2 = \frac{v_2}{R_2} \\ &\quad\vdots \\ &i_n = \frac{v_n}{R_n} \\ &i_f = -\frac{v_0}{R_f} \end{aligned}\right\} \tag{3・9}$$

これらの式を解いて v_0 を求めると

$$v_0 = -\left(\frac{R_f}{R_1}v_1 + \frac{R_f}{R_2}v_2 + \cdots + \frac{R_f}{R_n}v_3\right) \tag{3・10}$$

ここで，入力の数を n として

$$\left.\begin{aligned} &R_1 = R_2 = \cdots = R_n \\ &R_f = \frac{R_1}{n} \end{aligned}\right\} \tag{3・11}$$

とおくと，式 (3・10) は

$$v_0 = -\frac{R_f}{R_1}(v_1+v_2+\cdots+v_n) = -\left(\frac{v_1+v_2+\cdots+v_n}{n}\right) \tag{3・12}$$

となる．すなわち，出力電圧は入力電圧の平均に等しくなる．よって，求める条件は，

式 (3・11) である．この条件を満足している回路は，平均回路 (averager) と呼ばれる．

【例題 3・5】 図 3・5 は，加算・減算器 (adder-subtracter) である．出力電圧 v_0 を求めよ．

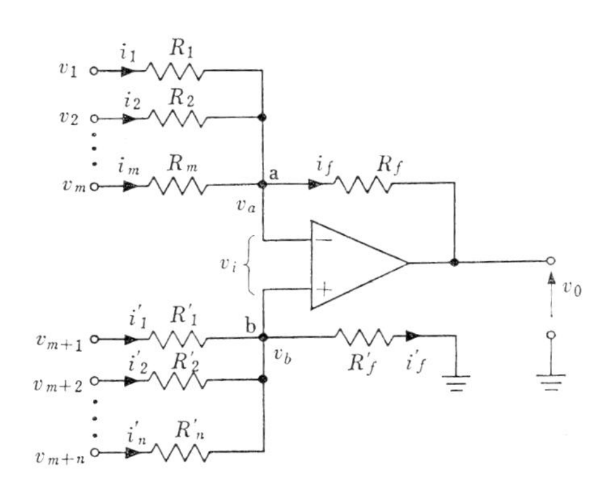

図 3・5　加算・減算器

【解】 オペアンプの入力抵抗が十分大きいとすると，入力電流は 0 とみなすことができる．したがって，点 a および点 b の電位をそれぞれ v_a および v_b として，これらの点にキルヒホッフの電流則を適用すると

$$\frac{v_1-v_a}{R_1}+\frac{v_2-v_a}{R_2}+\cdots+\frac{v_m-v_a}{R_m}=\frac{v_a-v_0}{R_f} \tag{3・13}$$

および

$$\frac{v_{m+1}-v_b}{R_1'}+\frac{v_{m+2}-v_b}{R_2'}+\cdots+\frac{v_{m+n}-v_b}{R_n'}=\frac{v_b}{R_f'} \tag{3・14}$$

を得る．式 (3・13) を v_0 について解くと

$$v_0=-\left(\frac{R_f}{R_1}v_1+\frac{R_f}{R_2}v_2+\cdots+\frac{R_f}{R_m}v_m\right)+\left(1+\frac{R_f}{R_1}+\frac{R_f}{R_2}+\cdots+\frac{R_f}{R_m}\right)v_a \tag{3・15}$$

となり，また式 (3・14) を v_b について解くと

$$v_b=\left(\frac{R_f'}{R_1'}v_{m+1}+\frac{R_f'}{R_2'}v_{m+2}+\cdots+\frac{R_f'}{R_n'}v_{m+n}\right)\Big/\left(1+\frac{R_f'}{R_1'}+\frac{R_f'}{R_2'}+\cdots+\frac{R_f'}{R_n'}\right) \tag{3・16}$$

となる．オペアンプの開ループ利得が十分大きいと，$v_i \fallingdotseq 0$ とみなされるので $v_a \fallingdotseq v_b$ となる．そこで，式 (3・16) の右辺を式 (3・15) の v_a に代入して出力電圧 v_0 を求めると，次のようになる．

$$v_0 = -\left(\frac{R_f}{R_1}v_1+\frac{R_f}{R_2}v_2+\cdots+\frac{R_f}{R_m}v_m\right)$$
$$+\left(\frac{R_f'}{R_1'}v_{m+1}+\frac{R_f'}{R_2'}v_{m+2}+\cdots+\frac{R_f'}{R_n'}v_{m+n}\right)\cdot\frac{\left(1+\frac{R_f}{R_1}+\frac{R_f}{R_2}+\cdots+\frac{R_f}{R_m}\right)}{\left(1+\frac{R_f'}{R_1'}+\frac{R_f'}{R_2'}+\cdots+\frac{R_f'}{R_n'}\right)} \tag{3・17}$$

ここで，

$$\frac{R_f}{R_1}+\frac{R_f}{R_2}+\cdots+\frac{R_f}{R_m}=\frac{R_f'}{R_1'}+\frac{R_f'}{R_2'}+\cdots+\frac{R_f'}{R_n'} \tag{3・18}$$

の関係が成り立つと，式（3・17）は

$$v_0 = -\left(\frac{R_f}{R_1}v_1+\frac{R_f}{R_2}v_2+\cdots+\frac{R_f}{R_m}v_m\right)+\left(\frac{R_f'}{R_1'}v_{m+1}+\frac{R_f'}{R_2'}v_{m+2}+\cdots+\frac{R_f'}{R_n'}v_{m+n}\right) \tag{3・19}$$

となる．

一般に，加算・減算器が良好に動作するためには，m 個の反転入力に対する利得の和が n 個の非反転入力に対する利得の和に等しくなければならない．すなわち，式（3・18）の関係が成り立つことが必要である．この条件が満足されているとき，回路は平衡（balance）がとれているという．

【例題 3・6】 図 3・6 の回路において，$v_1=v_2=1\,\mathrm{V}$，$v_3=v_4=2\,\mathrm{V}$，$R_f=200\,\mathrm{k\Omega}$，$R_f'=100\,\mathrm{k\Omega}$，$R_1=100\,\mathrm{k\Omega}$，$R_2=25\,\mathrm{k\Omega}$，$R_3=25\,\mathrm{k\Omega}$ および $R_4=16.67\,\mathrm{k\Omega}$ である．

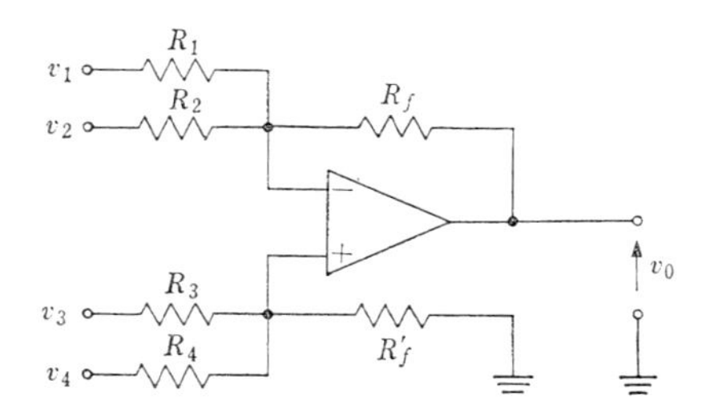

図 3・6　2反転入力および2非反転入力の加算・減算器

（a）　この回路は，平衡がとれているかどうか調べよ．

（b）　出力電圧 v_0 を求めよ．

【解】（a）　反転端子側における抵抗比の和は

$$\frac{R_f}{R_1}+\frac{R_f}{R_2}=\frac{200\ \mathrm{k\Omega}}{100\ \mathrm{k\Omega}}+\frac{200\ \mathrm{k\Omega}}{25\ \mathrm{k\Omega}}=2+8=10$$

であり，また非反転端子側における抵抗比の和は

$$\frac{R_f'}{R_3}+\frac{R_f'}{R_4}=\frac{100\ \mathrm{k\Omega}}{25\ \mathrm{k\Omega}}+\frac{100\ \mathrm{k\Omega}}{16.67\ \mathrm{k\Omega}}=4+6=10$$

となる．したがって，両者は相等しく，平衡はとれている．

(b) 出力電圧 v_0 は，式 (3・19) より次式で与えられる．

$$v_0=\frac{R_f'}{R_3}v_3+\frac{R_f'}{R_4}v_4-\frac{R_f}{R_1}v_1-\frac{R_f}{R_2}v_2 \tag{3・20}$$

この式に与えられた数値を代入して，v_0 を求めると

$$v_0=\left(\frac{100\ \mathrm{k\Omega}}{25\ \mathrm{k\Omega}}\right)2\ \mathrm{V}+\left(\frac{100\ \mathrm{k\Omega}}{16.67\ \mathrm{k\Omega}}\right)2\ \mathrm{V}-\left(\frac{200\ \mathrm{k\Omega}}{100\ \mathrm{k\Omega}}\right)1\ \mathrm{V}-\left(\frac{200\ \mathrm{k\Omega}}{25\ \mathrm{k\Omega}}\right)1\ \mathrm{V}$$

$$=4\times2\ \mathrm{V}+6\times2\ \mathrm{V}-2\times1\ \mathrm{V}-8\times1\ \mathrm{V}=20\ \mathrm{V}-10\ \mathrm{V}=10\ \mathrm{V}$$

となる．

【例題 3・7】 図 3・6 の回路において，$R_1=R_2=R_3=R_4=R_f=R_f'$ である．この回路の出力電圧 v_0 を表す式を求めよ．

【解】 図 3・6 の回路の出力電圧は，式 (3・19) より

$$v_0=\frac{R_f'}{R_3}v_3+\frac{R_f'}{R_4}v_4-\frac{R_f}{R_1}v_1-\frac{R_f}{R_2}v_2$$

で与えられる．すべての抵抗が等しいので，これを R とおくと v_0 は次のようになる．

$$v_0=\frac{R}{R}v_3+\frac{R}{R}v_4-\frac{R}{R}v_1-\frac{R}{R}v_2=(v_3+v_4)-(v_1+v_2)$$

また，平衡条件

$$\frac{R_f}{R_1}+\frac{R_f}{R_2}=\frac{R_f'}{R_3}+\frac{R_f'}{R_4}$$

より

$$\frac{R}{R}+\frac{R}{R}=\frac{R}{R}+\frac{R}{R}=2$$

となり，平衡もとれている．

【例題 3・8】 出力電圧 v_0 が

$$v_0=-4v_1-2v_2+10v_3+v_4$$

となる加算・減算器を求めよ．

【解】 与えられた出力電圧を見ると，反転入力 v_1, v_2 および非反転入力 v_3, v_4 の 4 入力であるので，回路は図 3・6 で表される．この回路の出力電圧は，式 (3・20) で与えられる．すなわち

$$v_0 = -\frac{R_f}{R_1}v_1 - \frac{R_f}{R_2}v_2 + \frac{R_f'}{R_3}v_3 + \frac{R_f'}{R_4}v_4$$

となる．ここで，$R_f = R_f'$ ととるのが便利であるので，$R_f = R_f' = 100\,\mathrm{k\Omega}$ ととることにしよう．

出力電圧の一般式と与えられた式を比較して，抵抗 R_1, R_2, R_3 および R_4 を求める．まず，v_1 の係数は

$$\frac{R_f}{R_1} = 4$$

であるので，R_1 は

$$R_1 = \frac{R_f}{4} = \frac{100\,\mathrm{k\Omega}}{4} = 25\,\mathrm{k\Omega}$$

となる．同様に

$$R_2 = \frac{R_f}{2} = \frac{100\,\mathrm{k\Omega}}{2} = 50\,\mathrm{k\Omega}$$

$$R_3 = \frac{R_f'}{10} = \frac{100\,\mathrm{k\Omega}}{10} = 10\,\mathrm{k\Omega}$$

および

$$R_4 = \frac{R_f'}{1} = \frac{100\,\mathrm{k\Omega}}{1} = 100\,\mathrm{k\Omega}$$

が求められる．次に，平衡を調べると

$$\frac{R_f}{R_1} + \frac{R_f}{R_2} = 4 + 2 = 6$$

および

$$\frac{R_f'}{R_3} + \frac{R_f'}{R_4} = 10 + 1 = 11$$

となり，非反転側の方が反転側よりも $11 - 6 = 5$ だけ大きくて平衡がとれていない．そこで，平衡をとるために図 3·7 に示すように，反転端子に抵抗 R_x を通して v_x な

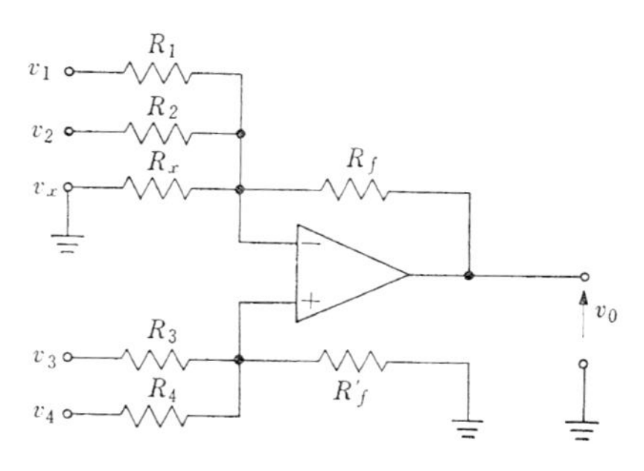

図 3・7　加算・減算器

る入力を加え，$R_f/R_x=5$ になるようにする．そのときの出力は

$$v_0=-(4v_1+2v_2+5v_x)+(10v_3+v_4)$$

となるが，与えられた出力とするために

$$v_x=0\,\mathrm{V}$$

とおく．R_x は

$$R_x=\frac{R_f}{5}=20\,\mathrm{k\Omega}$$

となり，また平衡は

$$\frac{R_f}{R_1}+\frac{R_f}{R_2}+\frac{R_f}{R_x}=\frac{R_f'}{R_3}+\frac{R_f'}{R_4}$$

すなわち

$$4+2+5=11=10+1$$

となり，回路は正確に動作する．

【例題 3・9】 図 3・8 の回路の出力電圧 v_0 を求めよ．

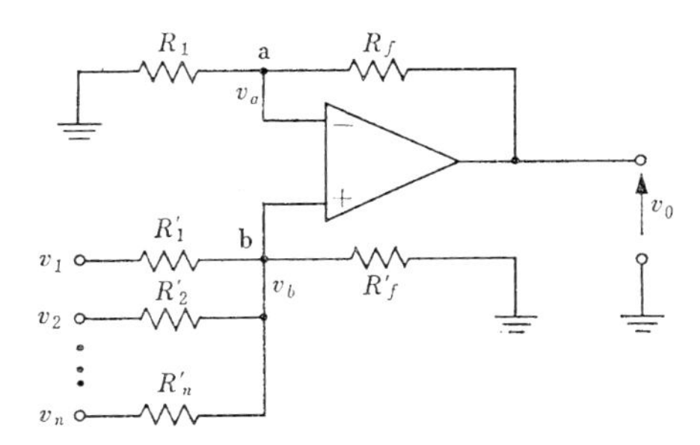

図 3・8 加算器

【解】 点 a と b の電位をそれぞれ v_a, v_b とおき，オペアンプの開ループ利得を A_{0l} とすると，オペアンプの入力インピーダンスが十分大きい場合に次式が成り立つ．

$$\frac{v_1-v_b}{R_1'}+\frac{v_2-v_b}{R_2'}+\cdots+\frac{v_n-v_b}{R_n'}=\frac{v_b}{R_f'} \qquad (3\cdot21)$$

$$\frac{v_a}{R_1}=\frac{v_0-v_a}{R_f} \qquad (3\cdot22)$$

および

$$A_{0l}(v_b-v_a)=v_0 \qquad (3\cdot23)$$

式 (3・21) を v_b について解いて

$$v_b=\left(\frac{v_1}{R_1'}+\frac{v_2}{R_2'}+\cdots+\frac{v_n}{R_n'}\right)\Big/\left(\frac{1}{R_f'}+\frac{1}{R_1'}+\frac{1}{R_2'}+\cdots+\frac{1}{R_n'}\right) \quad (3\cdot24)$$

を得る．また，式 (3·22) と式 (3·23) より v_0 を求めると

$$v_0=\frac{A_{0l}v_b}{1+\dfrac{A_{0l}R_1}{R_1+R_f}} \quad (3\cdot25)$$

となり，この式の v_b に式 (3·24) を代入して出力電圧は

$$v_0=\frac{A_{0l}}{1+\dfrac{A_{0l}R_1}{R_1+R_f}}\frac{\left(\dfrac{v_1}{R_1'}+\dfrac{v_2}{R_2'}+\cdots+\dfrac{v_n}{R_n'}\right)}{\left(\dfrac{1}{R_f'}+\dfrac{1}{R_1'}+\dfrac{1}{R_2'}+\cdots+\dfrac{1}{R_n'}\right)} \quad (3\cdot26)$$

で与えられる．

ここで，A_{0l} が十分に大きいと，式 (3·26) は次のように近似される．

$$v_0=\left(1+\frac{R_f}{R_1}\right)\frac{\left(\dfrac{R_f'}{R_1'}v_1+\dfrac{R_f'}{R_2'}v_2+\cdots+\dfrac{R_f'}{R_n'}v_n\right)}{\left(1+\dfrac{R_f'}{R_1'}+\dfrac{R_f'}{R_2'}+\cdots+\dfrac{R_f'}{R_n'}\right)} \quad (3\cdot27)$$

さらに，

$$\frac{R_f}{R_1}=\frac{R_f'}{R_1'}+\frac{R_f'}{R_2'}+\cdots+\frac{R_f'}{R_n'} \quad (3\cdot28)$$

の関係が満足されると，式 (3·27) は次のようになる．

$$v_0=\frac{R_f'}{R_1'}v_1+\frac{R_f'}{R_2'}v_2+\cdots+\frac{R_f'}{R_n'}v_n \quad (3\cdot29)$$

すなわち，式 (3·28) の平衡条件が満されていると，出力電圧は式 (3·29) で与えられる．

【例題 3・10】 図 3·9 の回路において，$v_1=1\,\mathrm{V}$，$v_2=2\,\mathrm{V}$ を加えたときの出力電圧 v_0 を求めよ．ただし，$R_1=50\,\mathrm{k\Omega}$ および $R_1'=R_2'=R_f'=R_f=100\,\mathrm{k\Omega}$ である．

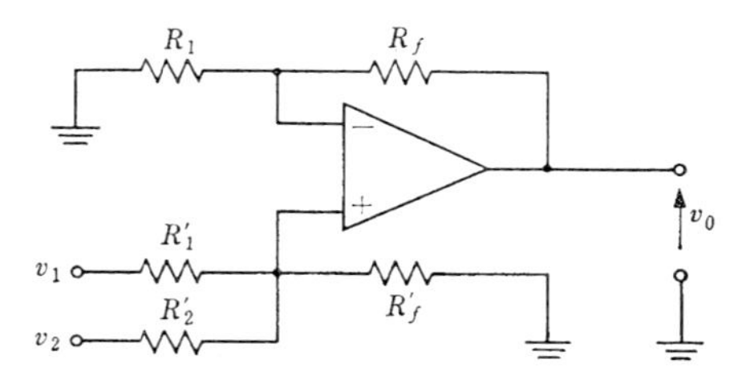

図 3・9　2非反転入力加算器

【解】 まず，平衡条件を調べる．反転側では

$$\frac{R_f}{R_1}=\frac{100\,\mathrm{k\Omega}}{50\,\mathrm{k\Omega}}=2$$

であり，また非反転側では

$$\frac{R_f'}{R_1'}+\frac{R_f'}{R_2'}=\frac{100\,\mathrm{k\Omega}}{100\,\mathrm{k\Omega}}+\frac{100\,\mathrm{k\Omega}}{100\,\mathrm{k\Omega}}=2$$

であるので

$$\frac{R_f}{R_1}=\frac{R_f'}{R_1'}+\frac{R_f'}{R_2'}$$

となり，平衡がとられている．

次に，出力電圧 v_0 は，式 (3・29) より次のようになる．

$$v_0=\frac{R_f'}{R_1'}v_1+\frac{R_f'}{R_2'}v_2=v_1+v_2=1\,\mathrm{V}+2\,\mathrm{V}=3\,\mathrm{V}$$

3・2 積 分 回 路

入力電圧の時間的積分値に比例する出力電圧が得られる回路を，積分器 (integrator) という．この回路はアナログ・コンピュータにおいて最も重要な回路の1つであり，電圧の積分が必要とされるところに広く利用されている．

図 3・10 は，オペアンプを用いた積分器の回路構成図である．オペアンプが理想的であって，$I_B \fallingdotseq 0$ および $v_i \fallingdotseq 0$ とみなされると，出力電圧 v_0 は次のようになる．

$$v_0=-\frac{1}{RC}\int v_1\,dt \qquad (3・30)$$

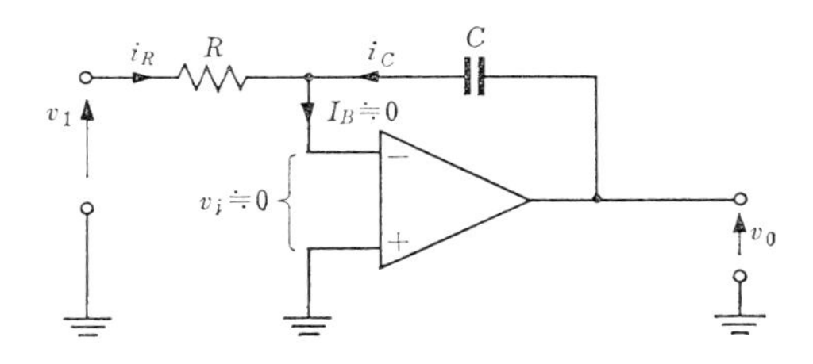

図 3・10 積 分 器

【例題 3・11】 図 3・10 の積分器において，入力に $v_1=V_m\sin\omega t$ の電圧が加えられるとき，出力電圧 v_0 を求めよ．

【解】 オペアンプの入力電圧を v_i とすると，i_R と i_C は次式で表される．

$$i_R = \frac{v_1 - v_i}{R}$$

$$i_C = C\frac{d(v_0 - v_i)}{dt}$$

オペアンプの開ループ利得 A_{0l} が十分大きいと $v_i \fallingdotseq 0$ と近似できるので，上式は

$$i_R = \frac{v_1}{R} \tag{3・31}$$

$$i_C = C\frac{dv_0}{dt} \tag{3・32}$$

となる．また，オペアンプの入力インピーダンスが十分高いと，オペアンプの入力電流 I_B は $I_B \fallingdotseq 0$ と近似できるので

$$i_R = -i_C \tag{3・33}$$

となる．式 (3・31)，式 (3・32) および式 (3・33) より

$$dv_0 = -\frac{1}{RC}v_1\,dt$$

が得られ，これを積分して v_0 は次のようになる．

$$v_0 = -\frac{1}{RC}\int v_1\,dt \tag{3・34}$$

この式の v_1 に，与えられた入力電圧の式を代入して積分すると

$$v_0 = -\frac{1}{RC}\int V_m \sin\omega t\,dt = \frac{V_m}{\omega RC}\cos\omega t$$

となる．すなわち，出力電圧の振幅は入力電圧の $1/(\omega RC)$ となり，また位相角は 90° 進んだ波形となる．図 3・11 は，この波形を示している．

【例題 3・12】 図 3・10 の積分器の入力に，図 3・12 (a) のようなステップ電圧が加えられる．

（a） 出力波形を求めよ．

（b） $R = 1\,\mathrm{M\Omega}$，$C = 0.1\,\mu\mathrm{F}$ および $v_1 = 1\,\mathrm{V}$ の場合に，t_0 より 3 ms 後の v_0 の値を求めよ．

【解】（a） ステップ電圧を時間の関数として書くと，次のようになる．

$$v_1 = V \qquad t \geq t_0$$

$$v_1 = 0 \qquad t < t_0$$

したがって，これらを式 (3・30) に代入して出力電圧 v_0 を求めると

$$v_0 = -\frac{1}{RC}\int V\,dt = -\frac{1}{RC}Vt$$

となり，図 3・12 (b) のような波形となる．すなわち，入力とは逆極性の直線ランプ電

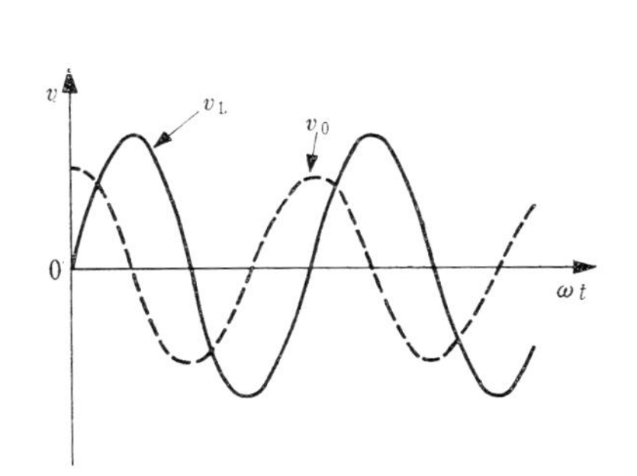

図 3・11 積分器の入力・出力電圧波形

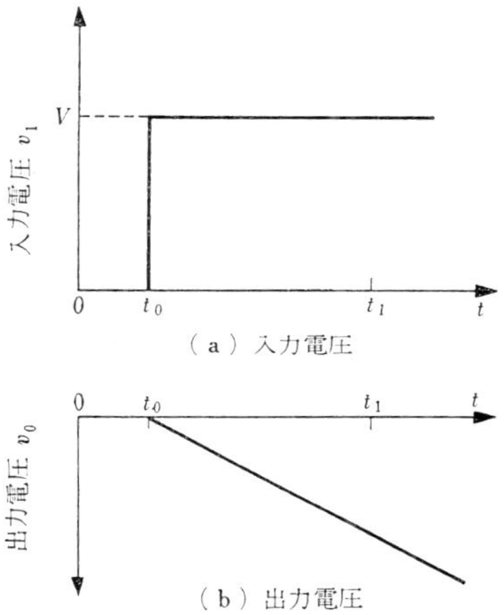

入力電圧 v_1

V

0 t_0 t_1 t

（a）入力電圧

出力電圧 v_0

0 t_0 t_1 t

（b）出力電圧

図 3・12 積分器の入力・出力波形

圧となる．

（b） 与えられた数値を代入して，式 (*3・30*) を $t_0=0$ から $t_1=3\,\mathrm{ms}$ まで積分すると，次のようになる．

$$v_0=-\frac{1}{RC}\int V\,dt=\frac{-1}{1\,\mathrm{M\Omega}\times 0.1\,\mu\mathrm{F}}(1\,\mathrm{V})\cdot t\,\Big|_{t=0}^{t=3\,\mathrm{ms}}$$

$$=-10\times(1\,\mathrm{V})(3\,\mathrm{ms}-0)=-30\,\mathrm{mV}$$

すなわち，3 ms 後の出力電圧は $-30\,\mathrm{mV}$ となる．波形は，この時間以後も時間に比例して増加し，オペアンプの最大出力電圧となる．

【例題 3・13】 図 3・10 の積分器において，$R=10\,\mathrm{k\Omega}$ および $C=0.1\,\mu\mathrm{F}$ である．入力電圧 v_1 として，図 3・13 (a) のような振幅 5 V，周波数 1 kHz の方形波が加えられる．このときの出力電圧 v_0 を求めよ．

【解】 入力電圧は繰り返し波形であるので，その1周期について考えれば出力電圧 v_0 を求めることができる．

まず，入力電圧を時間の関数として表すと，次のようになる．

$$t_0<t\leq t_1 \qquad v_1=5\,\mathrm{V}$$

$$t_1<t\leq t_2 \qquad v_1=-5\,\mathrm{V}$$

そこで半周期ごとに考えることにする．各半周期においては入力電圧が一定であるので，出力電圧は

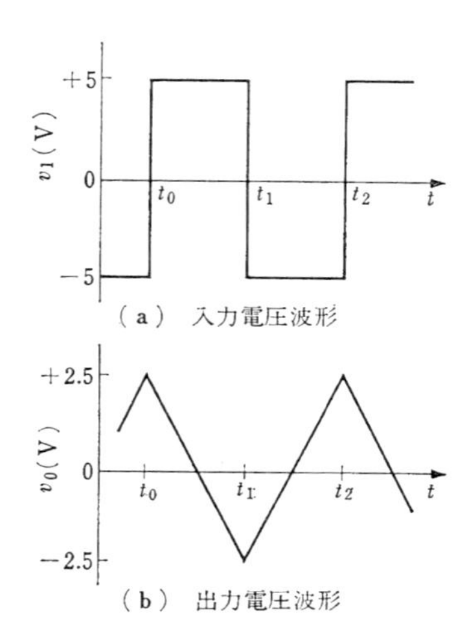

図 3・13　積分器の入力電圧および出力電圧波形

$$v_0 = -\frac{1}{RC}\int V\,dt = -\frac{V}{RC}t$$

となり，半周期間ごとにランプ電圧となる．

周波数が 1 kHz であるので，半周期は 0.5 ms となる．すなわち

$$t_1 - t_0 = t_2 - t_1 = 0.5\ \mathrm{ms}$$

そこで，$t = t_1$ の電圧は，$t_0 = 0$ と考えて t_1 まで積分し

$$v_0 = \frac{-V}{RC}t\Big|_{t=0}^{t=0.5\ \mathrm{ms}} = \frac{(-5\ \mathrm{V})\times(0.5\ \mathrm{ms})}{(10\ \mathrm{k\Omega})\,(0.1\ \mu\mathrm{F})}$$

$$= \frac{-2.5\times 10^{-3}\ (\mathrm{V\cdot s})}{1\ (\mathrm{k\Omega\cdot\mu F})} = -2.5\ \mathrm{V}$$

また，次の半周期 $t_1 \sim t_2$ の $t = t_2$ における電圧は

$$v_0 = \frac{-(-5\ \mathrm{V})}{RC}t\Big|_{t=0.5\ \mathrm{ms}}^{t=1\ \mathrm{ms}} = -\left\{\frac{(-5\ \mathrm{V})\,(1\ \mathrm{ms})}{(10\ \mathrm{k\Omega})\,(0.1\ \mu\mathrm{F})} - \frac{(-5\ \mathrm{V})\,(0.5\ \mathrm{ms})}{(10\ \mathrm{k\Omega})\,(0.1\ \mu\mathrm{F})}\right\}$$

$$= 2.5\ \mathrm{V}$$

したがって，出力電圧波形は，図 3・13 (b) に示されるように 2.5 V_{p-p} の 3 角波形となる．

【例題 3・14】　図 3・10 の積分器の入力に，図 3・13 (b) のランプ電圧が加えられる．このときの出力電圧波形を求めよ．

【解】入力電圧 v_1 を時間の関数として表すと，$t_0 \sim t_1$ の期間では次のようになる．

$$v_1 = \frac{-V}{RC} t = -Kt \qquad t_0 \leq t \leq t_1$$

ただし

$$K = \frac{V}{CR}$$

この v_1 を式 (3・30) に代入して積分すると

$$v_0 = \frac{-1}{RC} \int_{t_0}^{t_1} (-Kt)\, dt = \frac{K}{2RC} t^2 \Big|_{t_0}^{t_1}$$

となる．すなわち，出力電圧波形は，図 3・14 のように t に対する 2 乗関数となる．

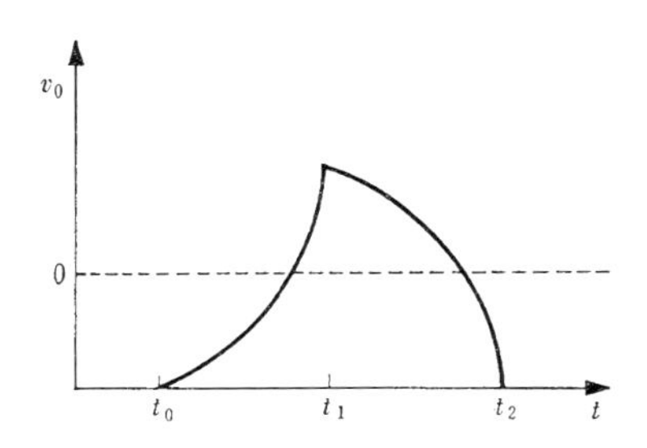

図 3・14 出力電圧波形

【例題 3・15】 図 3・15 は，2 重積分回路である．この回路の出力電圧を求めよ．

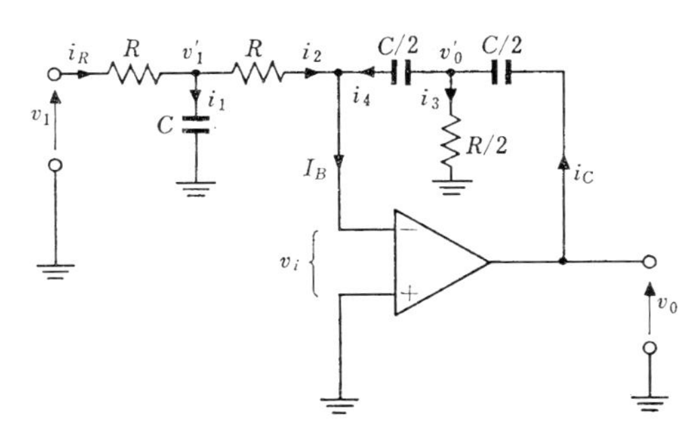

図 3・15 2 重積分回路

【解】 回路の電圧，電流を図示のようにとり，$I_B \fallingdotseq 0$ および $v_i \fallingdotseq 0$ と仮定すると次式が得られる．

$$i_1 = C\frac{dv_1'}{dt} \tag{3・35}$$

$$i_2 = \frac{v_1'}{R} \tag{3・36}$$

$$i_3 = \frac{2}{R}v_0' \tag{3・37}$$

$$i_4 = \frac{C}{2}\frac{dv_0'}{dt} \tag{3・38}$$

$$v_0 = \frac{2}{C}\int i_C\,dt + v_0' \tag{3・39}$$

$i_C = i_3 + i_4$ であるので，式 (3・37) と式 (3・38) とより

$$i_C = \frac{2}{R}v_0' + \frac{C}{2}\frac{dv_0'}{dt} \tag{3・40}$$

となり，これを式 (3・39) に代入すると，v_0 は

$$v_0 = \frac{4}{RC}\int v_0'\,dt + 2v_0' \tag{3・41}$$

となる．i_R は $i_R = i_1 + i_2$ であり，また $i_R = (v_1 - v_1')/R$ でもあるので式 (3・35) と式 (3・36) との関係を用いて次式が得られる．

$$\frac{v_1 - v_1'}{R} = C\frac{dv_1'}{dt} + \frac{v_1'}{R}$$

すなわち

$$\int v_1\,dt = CRv_1' + 2\int v_1'\,dt \tag{3・42}$$

一方，$i_2 = -i_4$ であるので，式 (3・36) と式 (3・38) とより

$$v_1' = -\frac{RC}{2}\frac{dv_0'}{dt}$$

が得られ，これを式 (3・42) に代入すると

$$\int v_1\,dt = -\frac{(RC)^2}{2}\frac{dv_0'}{dt} - RCv_0'$$

となる．両辺を積分して整理すると

$$\frac{-4}{(RC)^2}\int\int v_1\,dt = \frac{4}{RC}\int v_0'\,dt + 2v_0' \tag{3・43}$$

となるので，これと式 (3・41) とより出力電圧 v_0 は次のようになる．

$$v_0 = -\frac{4}{(RC)^2}\int\int v_1\,dt \tag{3・44}$$

【例題 3・16】 図 3・16 に示す n 入力の加算形積分器の出力電圧を求めよ．

【解】 オペアンプは $I_B \fallingdotseq 0$ および $v_i \fallingdotseq 0$ であると仮定すると

$$i_C = i_{R1} + i_{R2} + \cdots + i_{Rn} \tag{3・45}$$

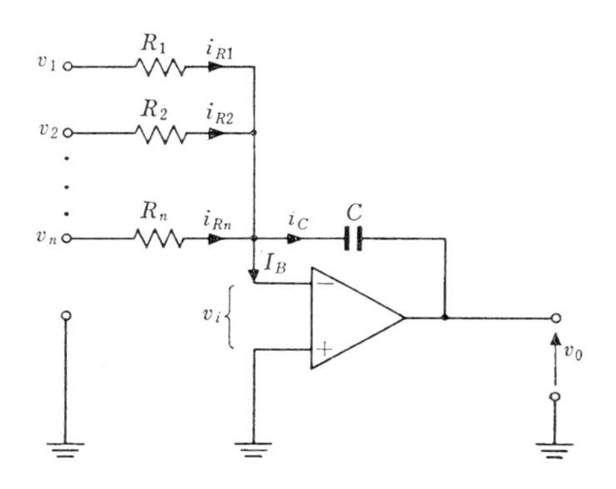

図 3・16　加算形積分器

が成り立つ．$i_C, i_{R1}, i_{R2}, \cdots, i_{Rn}$ は

$$i_C = -C\frac{dv_0}{dt}, \qquad i_{R1} = \frac{v_1}{R_1}, \quad i_{R2} = \frac{v_2}{R_2}, \quad \cdots, \quad i_{Rn} = \frac{v_n}{R_n}$$

で与えられるので，これらを式 (3・45) に代入して

$$-C\frac{dv_0}{dt} = \frac{v_1}{R_1} + \frac{v_2}{R_2} + \cdots + \frac{v_n}{R_n}$$

となる．これを積分して，出力電圧 v_0 は次のようになる．

$$v_0 = -\int_{t_1}^{t_2}\left(\frac{v_1}{R_1C} + \frac{v_2}{R_2C} + \cdots + \frac{v_n}{R_nC}\right)dt \qquad (3 \cdot 46)$$

もし，$R_1 = R_2 = \cdots = R_n = R$ であるとすると，式 (3・46) は

$$v_0 = -\frac{1}{RC}\int_{t_1}^{t_2}(v_1 + v_2 + \cdots + v_n)\,dt \qquad (3 \cdot 47)$$

となる．

【例題 3・17】　図 3・17 に示すように，積分器のキャパシタに直列に抵抗

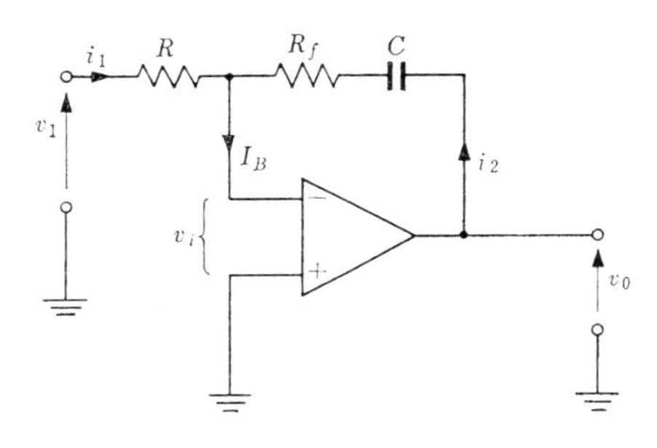

図 3・17　Augmenting Integrator

R_f が接続されている．この回路の出力電圧 v_0 を求めよ．

【解】 オペアンプは $I_B \fallingdotseq 0$ および $v_i \fallingdotseq 0$ であると仮定し，回路の電圧，電流を図に示すようにとると次式が成立する．

$$v_0 = i_2 R_f + \frac{1}{C}\int i_2 dt \tag{3・48}$$

$$i_1 = \frac{v_1}{R} \tag{3・49}$$

$$i_1 = -i_2 \tag{3・50}$$

式 (3・49) と式 (3・50) を式 (3・48) に代入して整理すると，出力電圧 v_0 は次式で与えられる．

$$v_0 = -\frac{R_f}{R}v_1 - \frac{1}{RC}\int v_1 dt \tag{3・51}$$

【例題 3・18】 図 3・18 に示す差動積分器の出力電圧を求めよ．

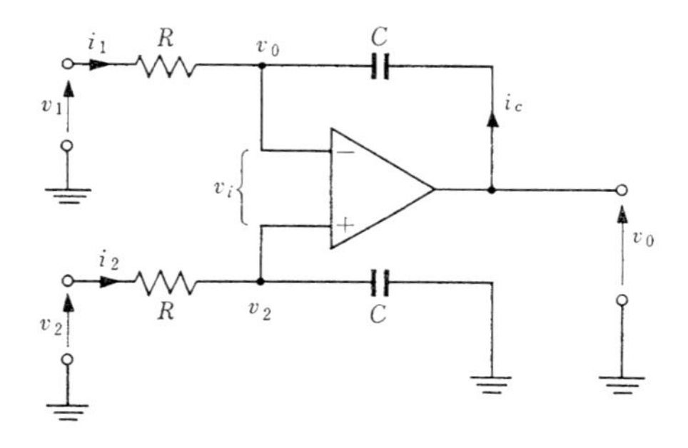

図 3・18　差動積分器

【解】 各部の電圧，電流を図に示すようにとると，次式が成立する．

$$i_1 = \frac{v_1 - v_0'}{R} \tag{3・52}$$

$$v_0 - v_0' = \frac{1}{C}\int i_C dt \tag{3・53}$$

オペアンプの入力電流は 0 と近似できるので，$i_1 = -i_C$ となる．そこで，式 (3・52) を式 (3・53) に代入して

$$v_0 - v_0' = -\frac{1}{C}\int \frac{(v_1 - v_0')}{R} dt$$

すなわち

$$v_0 = v_0' - \frac{1}{C}\int \frac{(v_1 - v_0')}{R} dt \tag{3・54}$$

を得る．一方，v_2' は

$$v_2' = \frac{1}{C}\int i_2 dt \qquad (3\cdot 55)$$

であり，オペアンプでは $v_i \fallingdotseq 0$ と近似されるので $v_0' \fallingdotseq v_2'$ である．式 (3･55) を式 (3･54) に代入して整理すると，次のようになる．

$$v_0 = \frac{1}{C}\int i_2 dt - \frac{1}{C}\int \frac{(v_1 - v_0')}{R} dt = \frac{1}{RC}\int (Ri_2 + v_0' - v_1) dt \qquad (3\cdot 56)$$

ここで，v_2 は

$$v_2 = Ri_2 + v_0'$$

であるので，この関係を式 (3･56) に代入すると，出力電圧 v_0 は次式で与えられる．

$$v_0 = \frac{1}{RC}\int (v_2 - v_1) dt \qquad (3\cdot 57)$$

3・3 微 分 回 路

入力の時間的変化の割合に比例する出力を生ずる回路を，微分器 (differentiator) という．図 3･19 は，オペアンプを用いた微分器の回路構成図である．理想的オペアンプでは $I_B \fallingdotseq 0$ および $v_i \fallingdotseq 0$ と見なされるので，出力電圧 v_0 は次のようになる．

$$v_0 = -RC\frac{dv_1}{dt} \qquad (3\cdot 58)$$

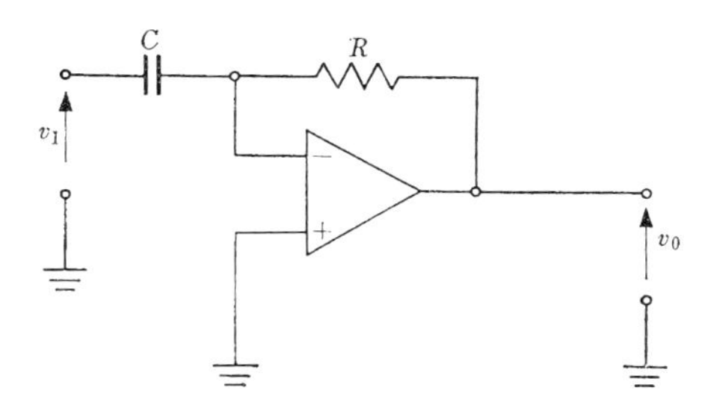

図 3・19 微 分 器

微分器の周波数応答は 6 dB/オクターブの割合で増加するので，高周波数になると利得はかなり大きくなる．図 3･20 は，この特性を示している．そのために回路は不安定となり，発振する恐れがある．これを避けるために，図 3･21 のようにキャパシタ C_c および抵抗 R_c を挿入して，回路の安定化をはかっている．

C_c は最大微分周波数以上で利得を減少させるためのキャパシタである．利得は

$$f_2 = \frac{1}{2\pi RC_c} \tag{3・59}$$

の周波数で減少し始め，6 dB/オクターブの傾斜で減少して行く．

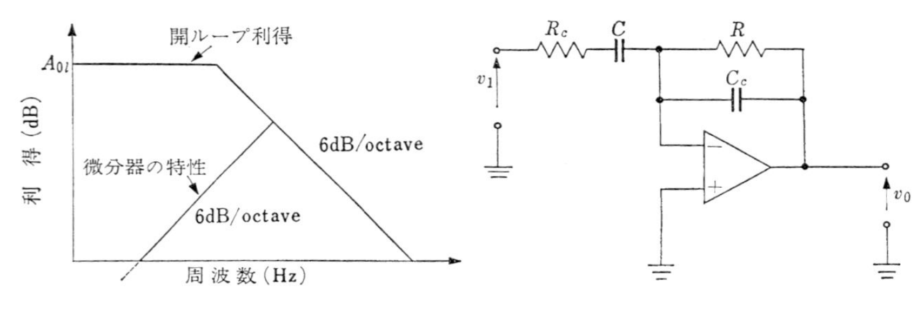

図 3・20　微分器の周波数特性　　　図 3・21　補償形微分器

R_c は高周波利得を制限して安定のための位相マージンを与え，また必要な入力電圧を加えたときの入力電流を減少させる．利得は

$$f_1 = \frac{1}{2\pi R_c C} \tag{3・60}$$

の周波数で一定となり，微分作用を停止する．この補償特性が，図 3・22 に示されている．

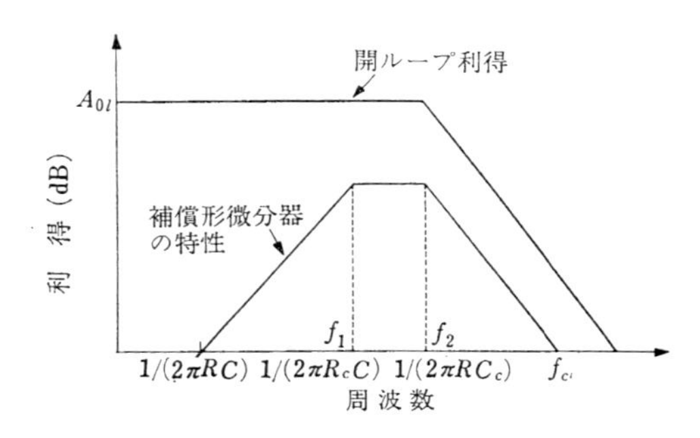

図 3・22　補償形微分器の周波数特性

回路は f_1 まで安定な微分器として動作する．f_2 から f_c までは，回路は積分器として動作する．通常，R_c と C_c の値は

$$R_cC = RC_c \tag{3・61}$$

にとられるので，この場合には $f_1 = f_2$ となる．

【例題 3・19】 図 3・19 の微分器の入力端子に，$v_1 = V_m \sin \omega t$ を加えるときの出力電圧 v_0 を求めよ．

【解】 キャパシタ C の端子電圧を v_c とすると，C を流れる電流 i_C は

$$i_C = C\frac{dv_c}{dt} \tag{3・62}$$

となる．オペアンプが理想的であると，オペアンプの入力電圧 v_i は 0 とみなされるので v_c は入力電圧 v_1 に等しく，またオペアンプの入力電流は 0 であるので

$$i_R = -i_C \tag{3・63}$$

となる．出力電圧 v_0 は

$$v_0 = Ri_R = -Ri_C \tag{3・64}$$

であるので，この式に式 (3・62) と式 (3・63) を代入すると，出力電圧 v_0 は次の式で与えられる．

$$v_0 = -RC\frac{dv_1}{dt} \tag{3・65}$$

$v_1 = V_m \sin \omega t$ を式 (3・65) に代入して計算すると，v_0 は次のようになる．

$$v_0 = -\omega RC V_m \cos \omega t = \omega RC V_m \sin\left(\omega t - \frac{\pi}{2}\right)$$

これからも明らかなように，出力電圧の大きさは入力電圧の ωRC 倍となり，また位相は入力電圧よりも 90° 遅れる．

【例題 3・20】 図 3・19 の微分器において，$R=0.1\,\mathrm{M\Omega}$ および $C=0.1\,\mu\mathrm{F}$ である．入力電圧が $v_1=3\sin 2\pi\times 60t$ であるとき，出力電圧を求めよ．

【解】 式 (3・65) より出力電圧 v_0 は

$$v_0 = -RC\frac{dv_1}{dt} = -RC\frac{d\,(3\sin 2\pi\times 60t)}{dt}$$
$$= -RC\times 3\times 2\pi\times 60\cos 2\pi\times 60t$$

となる．与えられた数値を代入すると，v_0 は次のようになる．

$$v_0 = -0.1\times 10^6\times 0.1\times 10^{-6}\times 3\times 2\pi\times 60\cos 2\pi\times 60t$$
$$= -11.30\cos 2\pi\times 60t$$

【例題 3・21】 図 3・19 の微分器において，$R=10\,\mathrm{k\Omega}$ および $C=0.1\,\mu\mathrm{F}$

である．入力電圧が図 3.23 (a) に示される3角波であるとき，出力電圧を求めよ．

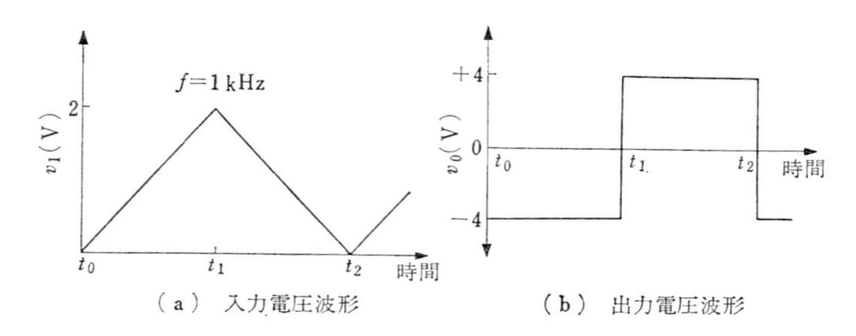

（a）入力電圧波形　（b）出力電圧波形

図 3・23 入力電圧波形と出力電圧波形

【解】 入力電圧 v_1 は繰り返し周波数 1 kHz の3角波であり，t_1 について対象であるので，t_0〜t_1 の半周期を考えればよい．次の半周期の出力電圧は，極性のみが反転された同じ電圧波形となる．

t_0〜t_1 における入力電圧は，0.5 ms の間に 2 V だけ直線的に増加しているので，次の式で表される．

$$v_1 = \frac{2\ \mathrm{V}}{0.5\times10^{-3}\ \mathrm{s}}t = (4\times10^3\ \mathrm{V/s})\,t$$

ここに，t は秒で表した時間である．

式 (*3·65*) を用いて出力電圧を求めると，次のようになる．

$$v_0 = -RC\frac{dv_1}{dt} = -RC\frac{d\,(4\times10^3)\,t}{dt} = -RC\,(4\times10^3\ \mathrm{V/s})$$

$$= -(10\ \mathrm{k\Omega})\,(0.1\ \mu\mathrm{F})\,(4\times10^3\ \mathrm{V/s}) = -4\ \mathrm{V}$$

次の半周期 t_1〜t_2 では，入力電圧の傾斜が逆になるので出力電圧 v_0 は +4 V となる．結局，出力電圧波形は図 3·23 (b) に示されるように，入力と同じ周波数でピーク電圧値 4 V の方形波となる．

【例題 3・22】 図 3·19 の微分器において，$R=10\ \mathrm{k\Omega}$ および $C=0.1\ \mu\mathrm{F}$ である．この微分器に振幅 5 V，繰り返し周波数 5 kHz，そして立上り時間 t_r および立下り時間 t_f が 1 μs の方形波電圧が入力される．このときの出力電圧を求めよ．

【解】 入力電圧波形は，図 3·24 (a) のようになる．この波形を各部に分けて考えることにする．

$0 \sim t_0$ および $(t_0+t_r) \sim (t_1-t_f)$ の期間においては，電圧は 0 V および 5 V の一定値であるので，微分出力電圧は 0 となる．立上り時間および立下り時間の間では，電圧は直線的に変化すると近似される．そして，ここでは $t_r = t_f$ であるので，出力電圧の大きさは t_r および t_f の間は等しく，極性が反対である．

さて，立上り時間および立下り時間の間の入力電圧 v_r および v_f は，次の時間関数で表される．

$$v_r = -v_f = (5\,\mathrm{V}/1\,\mu\mathrm{s})\,t = (5\times10^6\,\mathrm{V/s})\,t$$

したがって，t_r の期間の出力電圧 v_0 は，式 (*3・58*) より

$$v_0 = -RC\frac{dv_1}{dt} = -RC(5\times10^6\,\mathrm{V/s})$$

$$= -10\times10^3\times0.1\times10^{-6}\times(5\times10^6) = -5\times10^3\,\mathrm{V}$$

となる．また，t_f の期間では

$$v_0 = +5\times10^3\,\mathrm{V}$$

となる．

5 kV を出力できるオペアンプは，普通存在しない．そこで，出力はオペアンプの最大出力電圧に等しい振幅を有し，1 μs のパルス幅の反対極性の 2 つのパルスとなる．結局，出力電圧は，図 3・24 (b) のようになる．

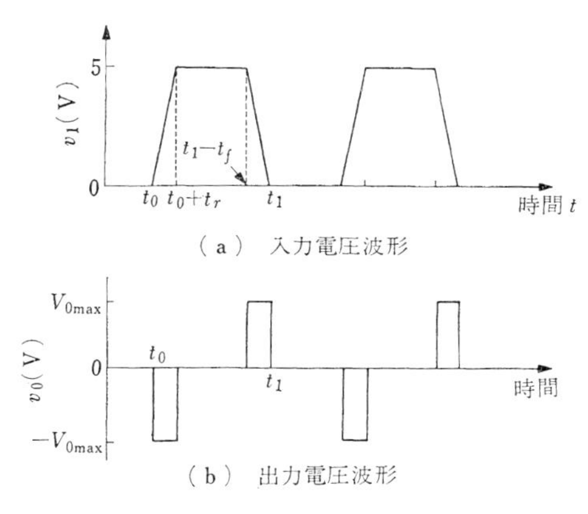

図 3・24　入力電圧と出力電圧

【例題 3・23】 図 3・21 の補償形微分器において，$R = 10\,\mathrm{k\Omega}$ および $C = 0.1\,\mu\mathrm{F}$ である．許容最大利得が 1 000 であり，微分特性が 1% 誤差となる周波数が 10 kHz である場合に，R_c と C_c の値を求めよ．ただし，式(*3・60*) で与えられる f_1 と微分特性の誤差との関係は，表 3・1 で与えられる．

表 3・1　微分器の誤差

f	$0.01f_1$	$0.1f_1$	$0.33f_1$	f_1
誤　差	非常に小	1%	5%	50%

【解】 表 3・1 から，1% 誤差に対する最大動作周波数 f_{max} は

$$f_{\mathrm{max}}=0.1\frac{1}{2\pi R_c C}$$

となり，$f_{\mathrm{max}}=10\,\mathrm{kHz}$ とおくと

$$\frac{1}{2\pi R_c C}=\frac{10\,\mathrm{Hkz}}{0.1}=100\,\mathrm{kHz}$$

となる．

R_c は，許容最大利得になるように選ばれる．この利得は，近似的に R/R_c であるので

$$R_c=\frac{R}{1\,000}=\frac{10\,\mathrm{k\Omega}}{1\,000}=10\,\Omega$$

となる．

ここで，$R_cC=RC_c$ にとると，C_c の値は次のようになる．

$$C_c=\frac{R_c}{R}C=\frac{10\,\Omega\times 0.1\,\mu\mathrm{F}}{10\,\mathrm{k\Omega}}=0.001\,\mu\mathrm{F}$$

【例題 3・24】 図 3・25 は，加算形微分器である．n 個の入力端子に v_1, v_2, …, v_n の電圧を加えるとき，出力電圧 v_0 を求めよ．

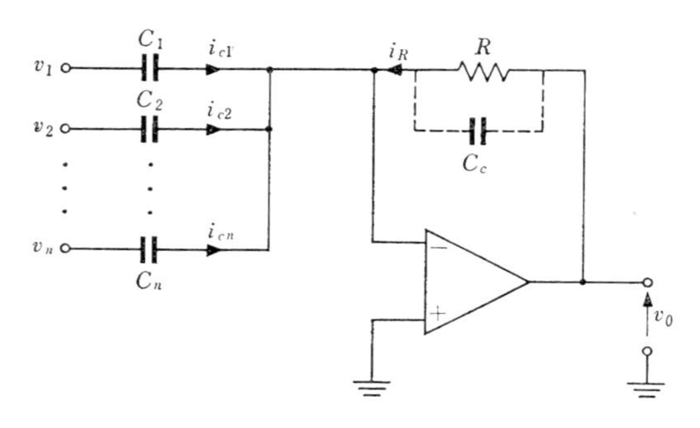

図 3・25　加算形微分器

【解】 各部の電流を図に示すようにとり，オペアンプが理想的であるとすると次式が成り立つ．

$$-i_R=i_{C1}+i_{C2}+\cdots+i_{Cn}$$

$$v_0=i_R R$$

$$i_{C1}=C_1\frac{dv_1}{dt}$$

$$i_{C2}=C_2\frac{dv_2}{dt}$$

$$\vdots$$

$$i_{Cn}=C_n\frac{dv_n}{dt}$$

これらの式を解いて v_0 を求めると

$$v_0=-\left(RC_1\frac{dv_1}{dt}+RC_2\frac{dv_2}{dt}+\cdots+RC_n\frac{dv_n}{dt}\right) \tag{3・66}$$

となる.

3・4　シミュレーション・リアクタンス回路

オペアンプ，キャパシタおよび抵抗で構成される回路のインピーダンスが

$$Z=R_l+j\omega L_s \tag{3・67}$$

の形で表される場合には，回路は図 3・26 (a) の回路と等価になる．すなわち，オペアンプ，キャパシタおよび抵抗を用いて，等価インダクタンスが得られる．これをシミュレーション・インダクタ (simulation inductor) という．この場合に，インダクタの良さを表す Q は

$$Q=\frac{\omega L_s}{R_l} \tag{3・68}$$

となる.

（a）直列回路　（b）並列回路

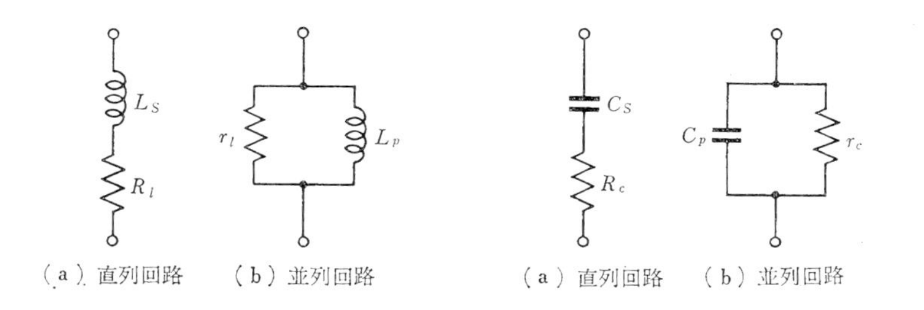

図 3・26　シミュレーション・インダクタの等価回路

（a）直列回路　（b）並列回路

図 3・27　シミュレーション・キャパシタの等価回路

同様に，アドミッタンスが

$$Y = \frac{1}{r_l} + \frac{1}{j\omega L_p} \qquad (3 \cdot 69)$$

の形で表される場合には，回路は図 3･26 (b) の回路と等価になる．この場合の Q は

$$Q = \frac{r_l}{\omega L_p} \qquad (3 \cdot 70)$$

となる．

また，インピーダンスが

$$Z = R_c + \frac{1}{j\omega C_s} \qquad (3 \cdot 71)$$

の形で表される場合には，回路は図 3･27 (a) の回路と等価になる．すなわち，等価キャパシタンスが得られる．これをシミュレーション・キャパシタ (simulation capacitor) あるいはキャパシタンス・マルチプライヤ (capacitance multiplier) と呼ぶ．キャパシタの良さを表す $\tan\delta$ は

$$\tan\delta = \omega C_s R_c \qquad (3 \cdot 72)$$

となる．

同様に，アドミッタンスが

$$Y = \frac{1}{r_c} + j\omega C_p \qquad (3 \cdot 73)$$

の形で表される場合には，回路は図 3･27 (b) の回路と等価になる．この場合の $\tan\delta$ は

$$\tan\delta = \frac{1}{\omega C_p r_c} \qquad (3 \cdot 74)$$

となる．

【例題 3・25】 図 3・28 の回路において，$A_{0l} \cdot R_1 > R_2$ の場合には入力インピーダンスは誘導性となる．この等価インダクタンス，等価抵抗および Q を求めよ．

【解】 オペアンプが理想的であるとし，各部の電圧，電流を図に示すようにとると，次の式が成り立つ．

$$i_1 = \frac{v_1}{R_1 + \dfrac{1}{j\omega C}} + \frac{v_1 - v_0}{R_2} \qquad (3 \cdot 75)$$

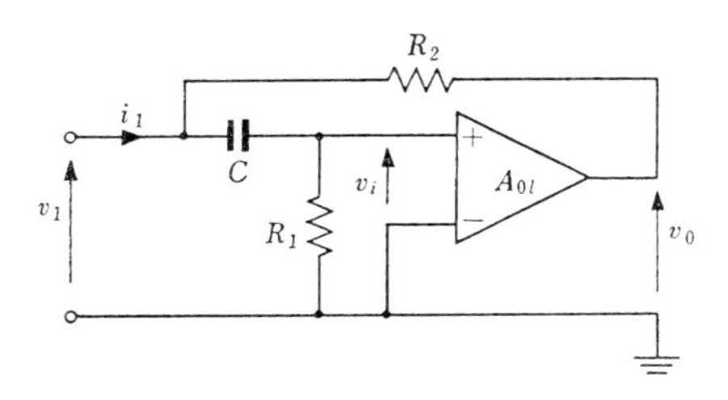

図 3・28 シミュレーション・インダクタンス回路

$$v_i = \frac{R_1}{R_1 + \dfrac{1}{j\omega C}} v_1 \tag{3・76}$$

$$v_0 = A_{0l} v_i \tag{3・77}$$

式 (3・76) を式 (3・77) に代入して

$$v_0 = \frac{R_1 A_{0l}}{R_1 + \dfrac{1}{j\omega C}} v_1$$

となり，これを式 (3・75) に代入すると

$$\begin{aligned} i_1 &= \frac{v_1}{R_1 + \dfrac{1}{j\omega C}} + \frac{v_1}{R_2} - \frac{A_{0l} R_1}{R_2\left(R_1 + \dfrac{1}{j\omega C}\right)} v_1 \\ &= \left\{\frac{j\omega C}{1 + j\omega C R_1} + \frac{1}{R_2} - \frac{j\omega C R_1 A_{0l}}{R_2(1 + j\omega C R_1)}\right\} v_1 \\ &= \frac{(j\omega C R_2 + 1 + j\omega C R_1 - j\omega C R_1 A_{0l})}{R_2(1 + j\omega C R_1)} v_1 = \frac{1 + j\omega C(R_2 + R_1 - R_1 A_{0l})}{R_2(1 + j\omega C R_1)} v_1 \end{aligned}$$

となる．したがって，入力インピーダンス Z_i は，次のようになる．

$$\begin{aligned} Z_i &= \frac{v_1}{i_1} = \frac{R_2(1 + j\omega C R_1)}{1 + j\omega C(R_2 + R_1 - R_1 A_{0l})} \\ &= \frac{R_2[1 + \omega^2 C^2 R_1\{R_2 + R_1(1 - A_{0l})\}]}{1 + \omega^2 C^2\{R_2 + R_1(1 - A_{0l})\}^2} + \frac{j\omega C R_2(A_{0l} R_1 - R_2)}{1 + \omega^2 C^2\{R_2 + R_1(1 - A_{0l})\}^2} \end{aligned} \tag{3・78}$$

この式は，$A_{0l} R_1 > R_2$ ならば式 (3・67) の形となり，Z_i は誘導性インピーダンスとなる．等価回路は図 3・26 (a) のようになり，等価インダクタンス L_s，等価抵抗 R_l および Q は次式で与えられる．

$$\left.\begin{aligned} L_s &= \frac{C R_2(A_{0l} R_1 - R_2)}{1 + \omega^2 C^2\{R_2 + R_1(1 - A_{0l})\}^2} \\ R_l &= \frac{R_2[1 + \omega^2 C^2 R_1\{R_2 + R_1(1 - A_{0l})\}]}{1 + \omega^2 C^2\{R_2 + R_1(1 - A_{0l})\}^2} \\ Q &= \frac{\omega C(A_{0l} R_1 - R_2)}{1 + \omega^2 C^2 R_1\{R_2 + R_1(1 - A_{0l})\}} \end{aligned}\right\} \tag{3・79}$$

【例題 3・26】 図 3・29 の回路において，$R_1>R_2$ の場合には入力インピーダンスは誘導性となる．この等価インダクタンス，等価抵抗および Q を求めよ．

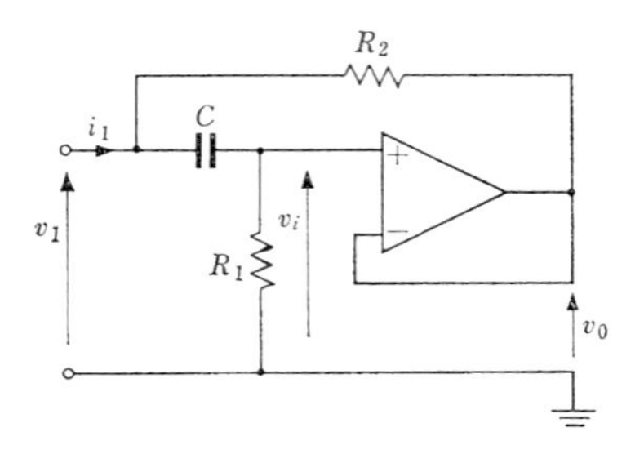

図 3・29　シミュレーション・インダクタンス回路

【解】 オペアンプが理想的であると，図の回路の増幅部分の利得は1となる．各部の電圧，電流を図に示すようにとると，次の関係式が得られる．

$$i_1=\frac{v_1}{R_1+\dfrac{1}{j\omega C}}+\frac{v_1-v_0}{R_2} \tag{3・80}$$

$$v_0=v_i=\frac{R_1}{R_1+\dfrac{1}{j\omega C}}v_1 \tag{3・81}$$

両式より

$$i_1=\frac{v_1}{R_1+\dfrac{1}{j\omega C}}+\frac{v_1}{R_2}-\frac{R_1v_1}{R_2\left(R_1+\dfrac{1}{j\omega C}\right)}$$

$$=\frac{v_1}{R_2}\left(\frac{j\omega CR_2}{1+j\omega CR_1}+1-\frac{j\omega CR_1}{1+j\omega CR_1}\right)=\frac{v_1(1+j\omega CR_2)}{R_2(1+j\omega CR_1)}$$

となるので，したがって入力インピーダンス Z_i は次のようになる．

$$Z_i=\frac{v_1}{i_1}=\frac{R_2(1+j\omega CR_1)}{1+j\omega CR_2}=\frac{R_2(1+\omega^2C^2R_1R_2)+j\omega CR_2(R_1-R_2)}{1+\omega^2C^2R_2{}^2} \tag{3・82}$$

$R_1>R_2$ であるので，この式は式 (3・67) と同じ形となり，入力インピーダンスは誘導性インピーダンスとなる．等価インダクタンス L_s，等価抵抗 R_l および Q は，次のようになる．

$$\left.\begin{aligned}
L_s&=\frac{CR_2(R_1-R_2)}{1+\omega^2C^2R_2{}^2}\\
R_l&=\frac{R_2(1+\omega^2C^2R_1R_2)}{1+\omega^2C^2R_2{}^2}\\
Q&=\frac{\omega C(R_1-R_2)}{1+\omega^2C^2R_1R_2}
\end{aligned}\right\} \tag{3・83}$$

【例題 3・27】 図 3・30 の回路において，$R_1C_1=R_2C_2$ として入力インピーダンスを計算し，等価インダクタンス，等価抵抗および Q を求めよ．

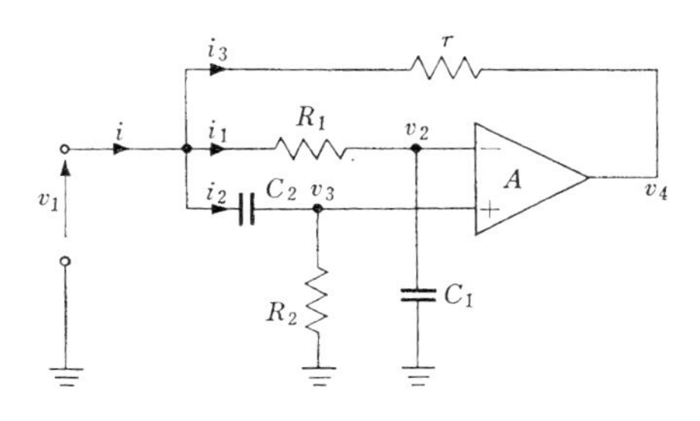

図 3・30 シミュレーション・インダクタンス回路

【解】 回路各部の電圧，電流を図に示すようにとると，これらの間に次の関係式が成り立つ．

$$i_1=\frac{j\omega C_1}{1+j\omega C_1R_1}v_1 \tag{3・84}$$

$$i_2=\frac{j\omega C_2}{1+j\omega C_2R_2}v_1 \tag{3・85}$$

$$i_3=\frac{v_1-v_4}{r} \tag{3・86}$$

$$v_2=\frac{v_1}{1+j\omega C_1R_1} \tag{3・87}$$

$$v_3=\frac{j\omega C_2R_2}{1+j\omega C_2R_2}v_1 \tag{3・88}$$

$$v_4=A(v_3-v_2) \tag{3・89}$$

$R_1C_1=R_2C_2\equiv\tau$ とおき，式 (3・87) と式 (3・88) を式 (3・89) に代入すると

$$v_4=A\left(\frac{j\omega\tau}{1+j\omega\tau}-\frac{1}{1+j\omega\tau}\right)v_1=\frac{j\omega\tau-1}{j\omega\tau+1}Av_1$$

となる．これを式 (3・86) に代入すると，i_3 は次のようになる．

$$i_3=\frac{v_1}{r}\left\{1-\frac{A(j\omega\tau-1)}{j\omega\tau+1}\right\}=\frac{v_1}{r}\left\{\frac{1+A+j\omega(1-A)\tau}{1+j\omega\tau}\right\} \tag{3・90}$$

入力電流 i は

$$i=i_1+i_2+i_3$$

であるので，これに式 (3・84)，(3・85) および式 (3・90) を代入すると

$$i=\frac{j\omega C_1}{1+j\omega\tau}v_1+\frac{j\omega C_2}{1+j\omega\tau}v_1+\frac{v_1}{r}\left\{\frac{1+A+j\omega(1-A)\tau}{1+j\omega\tau}\right\}$$

$$=\frac{j\omega r(C_1+C_2)+1+A+j\omega(1-A)\tau}{r(1+j\omega\tau)}v_1=\frac{(1+A)+j\omega\{r(C_1+C_2)-(A-1)\tau\}}{r(1+j\omega\tau)}v_1$$

となる．したがって，入力インピーダンス Z_i は次のようになる．

$$Z_i=\frac{v_1}{i}=\frac{r(1+j\omega\tau)}{(A+1)+j\omega\{r(C_1+C_2)-(A-1)\tau\}}=\frac{r(1+j\omega\tau)}{(A+1)+j\omega D} \quad (3\cdot 91)$$

ただし

$$D=r(C_1+C_2)-(A-1)\tau \quad (3\cdot 92)$$

（a）$D=0$ の場合　これは，$A>1$ として

$$r=\frac{(A-1)\tau}{C_1+C_2} \quad (3\cdot 93)$$

を満足する場合であって，式 (3·91) は

$$Z_i=\frac{r}{A+1}+j\omega\frac{r\tau}{A+1}$$

となる．したがって，図 3.26 (a) の回路でおいた等価抵抗 R_l および等価インダクタンス L_s は，次式で与えられる．

$$\left.\begin{aligned}R_l&=\frac{r}{A+1}=\frac{(A-1)}{(A+1)}\frac{\tau}{(C_1+C_2)}\\L_s&=\frac{r\tau}{A+1}=\frac{(A-1)}{(A+1)}\frac{\tau^2}{(C_1+C_2)}\end{aligned}\right\} \quad (3\cdot 94)$$

また，Q は

$$Q=\omega\tau \quad (3\cdot 95)$$

となる．

（b）$D\neq 0$ の場合　この場合には，式 (3·91) は次のように書き直される．

$$\begin{aligned}Z_i&=\frac{r(1+j\omega\tau)[(A+1)+j\omega\{\tau(A-1)-r(C_1+C_2)\}]}{(A+1)^2+\omega^2\{\tau(A-1)-r(C_1+C_2)\}}\\&=\frac{(A+1)-\omega^2\tau\{\tau(A-1)-r(C_1+C_2)\}}{\Delta}r\\&\quad+\frac{j\omega\{\tau(A+1)+\tau(A-1)-r(C_1+C_2)\}}{\Delta}r\end{aligned}$$

ただし，

$$\Delta\equiv(A+1)^2+\omega^2\{\tau(A-1)-r(C_1+C_2)\}^2$$

したがって，等価抵抗 R_l および 等価インダクタンス L_s は

$$\left.\begin{aligned}R_l&=\frac{r}{\Delta}[(A+1)-\omega^2\tau\{\tau(A-1)-r(C_1+C_2)\}]\\L_s&=\frac{r}{\Delta}\{2\tau A-r(C_1+C_2)\}\end{aligned}\right\} \quad (3\cdot 96)$$

となり，いずれも周波数の関数となる．

回路の Q は次式で与えられる．

$$Q=\frac{\omega L_s}{R_l}=\frac{\omega\{2\tau A-r(C_1+C_2)\}}{(A+1)-\omega^2\tau\{\tau(A-1)-r(C_1+C_2)\}} \quad (3\cdot 97)$$

また，ω が

$$\omega_0=\left[\frac{(A+1)}{\tau\{\tau(A-1)-r(C_1+C_2)\}}\right]^{1/2} \tag{3・98}$$

のとき，抵抗 R_l は零となり，Q は無限大となる．

【例題 3・28】 図 3・31 に示す回路の入力インピーダンスを計算せよ．また，$A=1$，$R_1=10\,\mathrm{k\Omega}$，$R_2=10\,\mathrm{k\Omega}$，$C=0.1\,\mu\mathrm{F}$ および $f=10\,\mathrm{kHz}$ の場合の等価抵抗，等価インダクタンスおよび Q を求めよ．

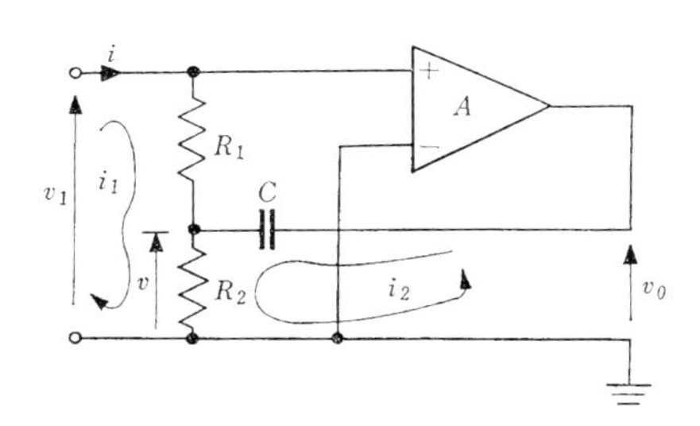

図 3・31 シミュレーション・インダクタンス回路

【解】 回路の各部の電圧，電流を図に示すようにとると，次の関係式が得られる．

$$\left.\begin{aligned}&(R_1+R_2)i_1+R_2i_2=v_1\\&R_2i_1+\left(R_2+\frac{1}{j\omega C}\right)i_2=v_0\\&v_0=Av_1\end{aligned}\right\} \tag{3・99}$$

これらの式を解いて i_1 を求めると

$$i_1=\frac{\left\{(1-A)R_2+\dfrac{1}{j\omega C}\right\}}{R_1R_2+\dfrac{R_1+R_2}{j\omega C}}v_1=\frac{1+j\omega CR_2(1-A)}{R_1+R_2+j\omega CR_1R_2}v_1$$

となる．オペアンプが理想的であると，$i=i_1$ であるので，入力インピーダンス Z_i は次のようになる．

$$Z_i=\frac{v_1}{i}=\frac{R_1+R_2+j\omega CR_1R_2}{1+j\omega CR_2(1-A)} \tag{3・100}$$

$A>1$ としてこの式を書き直すと

$$\begin{aligned}Z_i&=\frac{R_1+R_2+j\omega CR_1R_2}{1-j\omega CR_2(A-1)}\ \frac{1+j\omega CR_2(A-1)}{1+j\omega CR_2(A-1)}\\&=\frac{R_1+R_2-R_1(A-1)(\omega CR_2)^2}{1+(A-1)^2(\omega CR_2)^2}+j\omega\frac{CR_2\{R_1+(R_1+R_2)(A-1)\}}{1+(A-1)^2(\omega CR_2)^2}\end{aligned} \tag{3・101}$$

となり，誘導性インピーダンスとなる．等価抵抗 R_l, 等価インダクタンス L_s および Q は次のようになる．

$$\left.\begin{aligned} R_l &= \frac{R_1+R_2-R_1(A-1)(\omega CR_2)^2}{1+(A-1)^2(\omega CR_2)^2} \\ L_s &= \frac{CR_2\{R_1+(R_1+R_2)(A-1)\}}{1+(A-1)^2(\omega CR_2)^2} \\ Q &= \frac{\omega CR_2\{R_1+(R_1+R_2)(A-1)\}}{R_1+R_2-R_1(A-1)(\omega CR_2)^2} \end{aligned}\right\} \tag{3・102}$$

式 (3・102) において $A=1$ とおくと，

$$R_l = R_1+R_2$$

$$L_s = CR_1R_2$$

$$Q = \frac{\omega CR_1R_2}{R_1+R_2}$$

となる．これらの式に与えられた数値を代入して計算すると，R_l, L_s および Q は次のようになる．

$$R_l = 10\,\mathrm{k\Omega}+10\,\mathrm{k\Omega} = 20\,\mathrm{k\Omega}$$

$$L_s = 0.1\times10^{-6}\times10\times10^3\times10\times10^3 = 10\,\mathrm{H}$$

$$Q = \frac{2\pi\times10\times10^3\times10}{20\times10^3} = 31.4$$

【例題 3・29】 図 3・32 に示す回路において

$$y_1 = \frac{1}{R}, \qquad y_2 = sC, \qquad s = j\omega$$

$$y_3 = \frac{m}{R}, \qquad m > 0, \qquad CR = \tau$$

にとった場合の入力インピーダンスを求めよ．そして，これが

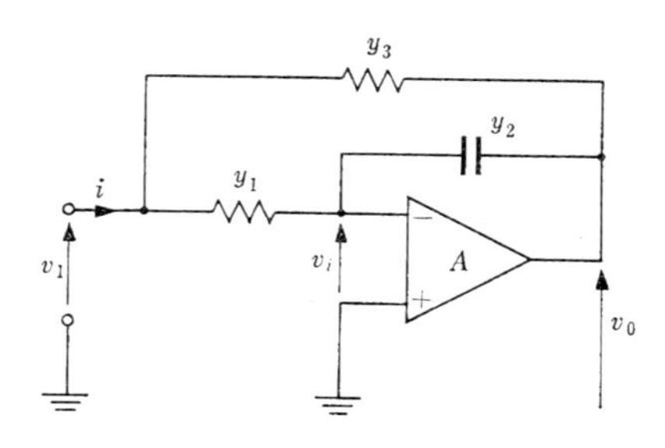

図 3・32　シミュレーション・インダクタンス回路

$$\omega_1=\frac{1}{(1+A)\tau}<\omega<\frac{m}{(1+m)\tau}=\omega_2$$

の周波数範囲内では誘導性インピーダンスとなることを示し，等価インダクタンス，等価抵抗およびQを求めよ．

【解】 オペアンプが理想的であるとし，回路の各部の電圧，電流を図に示すようにとると，次の関係式が得られる．

$$\left.\begin{aligned} i &= (v_1-v_i)y_1+(v_1-v_0)y_3 \\ (v_1-v_i)y_1 &= (v_i-v_0)y_2 \\ v_0 &= -Av_i \end{aligned}\right\} \quad (3\cdot 103)$$

これらの式を整理すると

$$\left.\begin{aligned} i &= v_1(y_1+y_3)-v_i(y_1-Ay_3) \\ y_1v_1 &= v_i\{y_1+(1+A)y_2\} \end{aligned}\right\} \quad (3\cdot 104)$$

となり，これを解いて v_1/i を求めると入力インピーダンス Z_i が得られる．

$$Z_i=\frac{v_1}{i}=\frac{\dfrac{y_1}{(1+A)}+y_2}{y_1y_3+y_2(y_1+y_3)} \quad (3\cdot 105)$$

この式に与えられた関係を代入して整理すると，Z_i は次のようになる．

$$Z_i=R\frac{\dfrac{1}{(1+A)}+s\tau}{m+(1+m)s\tau} \quad (3\cdot 106)$$

したがって，Z_i は

$$\omega_1=\frac{1}{(1+A)\tau}<\omega<\frac{m}{(1+m)\tau}=\omega_2$$

の周波数範囲内において，誘導性インピーダンスとなる．式 (3・106) は，さらに書き直すと

$$Z_i=R\frac{m+(1+m)(1+A)\omega^2\tau^2}{\{m^2+(1+m)^2\tau^2\omega^2\}(1+A)}+j\omega R\tau\frac{(mA-1)}{\{m^2+(1+m)^2\tau^2\omega^2\}(1+A)} \quad (3\cdot 107)$$

となるので，等価インダクタンス L_s，等価抵抗 R_l および Q は次のようになる．

$$\left.\begin{aligned} L_s &= \frac{R\tau}{(1+A)}\frac{(mA-1)}{\{m^2+(1+m)^2\omega^2\tau^2\}} \\ R_l &= R\frac{\dfrac{m}{(1+A)}+(1+m)\omega^2\tau^2}{m^2+(1+m)^2\omega^2\tau^2} \\ Q &= \frac{(mA-1)\omega\tau}{m+(1+m)(1+A)\omega^2\tau^2} \end{aligned}\right\} \quad (3\cdot 108)$$

この Q は

$$\omega_m=\frac{1}{\tau}\sqrt{\frac{m}{(1+m)(1+\mathrm{A})}}$$

の角周波数において最大となり，その値 Q_m は次のようになる．

$$Q_m=\frac{1}{2\sqrt{m}}\left\{m\sqrt{\frac{1+A}{1+m}}-\sqrt{\frac{1+m}{1+A}}\right\}$$

【例題 3・30】 図 3・33 に示す回路の入力インピーダンスを求め，これが

$$\omega_1=\frac{1}{CR_1}<\omega<\omega_2=\frac{1+A}{C(R_1+R_2)}$$

の周波数範囲では誘導性インピーダンスとなることを示せ．また，等価インダクタンス，等価抵抗および Q を求めよ．

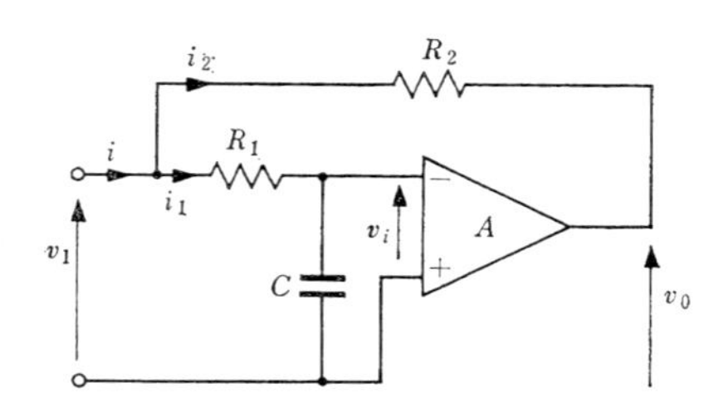

図 3・33　シミュレーション・インダクタンス回路

【解】 回路の電圧，電流を図に示すようにとると，次の関係式が得られる．

$$i_1=\frac{v_1}{R_1+\dfrac{1}{j\omega C}} \tag{3・109}$$

$$i_2=\frac{v_1-v_0}{R_2} \tag{3・110}$$

$$v_0=-Av_i \tag{3・111}$$

$$v_i=\frac{v_1}{1+j\omega CR_1} \tag{3・112}$$

式 (*3・111*) と式 (*3・112*) を式 (*3・110*) に代入すると

$$i_2=\frac{v_1}{R_2}+\frac{Av_1}{(1+j\omega CR_1)R_2} \tag{3・113}$$

となる．入力電流 i は

$$i=i_1+i_2$$

であるので，この式に式 (*3・109*) と式 (*3・113*) を代入して

$$i=\left\{\frac{j\omega C}{1+j\omega CR_1}+\frac{1}{R_2}+\frac{A}{(1+j\omega CR_1)R_2}\right\}v_1=\frac{\{j\omega C(R_1+R_2)+1+A\}}{R_2(1+j\omega CR_1)}v_1$$

となる．したがって，入力インピーダンス Z_i は次のようになる．

$$Z_i=\frac{v_1}{i}=\frac{R_2(1+j\omega CR_1)}{j\omega C(R_1+R_2)+1+A}=\frac{R_1R_2(s+\omega_1)}{(R_1+R_2)(s+\omega_2)} \qquad (3\cdot114)$$

ただし，

$$\left.\begin{aligned}\omega_2&=\frac{1+A}{C(R_1+R_2)}\\ \omega_1&=\frac{1}{CR_1}\\ s&=j\omega\end{aligned}\right\} \qquad (3\cdot115)$$

$A>R_2/R_1$ である場合には，式(3·114)で表される Z_i のボード線図は図 3.34 のようになる．そして，Z_i は

$$\omega_1<\omega<\omega_2$$

の範囲において，誘導性インピーダンスとなる．

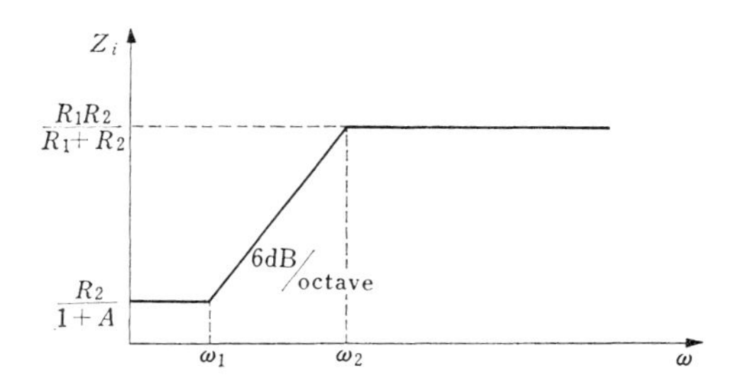

図 3・34 Z_i のボード線図

式 (3·114) を書き直すと

$$Z_i=\frac{R_1R_2}{R_1+R_2}\frac{(s+\omega_1)}{(s+\omega_2)}=\frac{R_1R_2}{R_1+R_2}\frac{(\omega_1+j\omega)}{(\omega_2+j\omega)}$$

$$=\frac{R_1R_2}{R_1+R_2}\frac{\omega_1\omega_2+\omega^2+j\omega(\omega_2-\omega_1)}{\omega_2{}^2+\omega^2}$$

となり，さらに ω_1 と ω_2 に式 (3·115) を代入して整理すると，次のようになる．

$$Z_i=\frac{C^2R_1R_2(R_1+R_2)}{(1+A)^2}\frac{\left\{\omega^2+\dfrac{1}{(R_1C)^2}\dfrac{R_1(1+A)}{(R_1+R_2)}\right\}}{1+\left(\dfrac{R_1+R_2}{1+A}\right)^2C^2\omega^2}$$

$$+j\omega\frac{CR_2(R_1+R_2)}{(1+A)^2}\frac{\left\{\dfrac{(1+A)R_1}{R_1+R_2}-1\right\}}{1+\left(\dfrac{R_1+R_2}{1+A}\right)^2C^2\omega^2} \qquad (3\cdot116)$$

したがって，等価インダクタンス L_s，等価抵抗 R_l および Q は次式で与えられる．

$$
\left.
\begin{aligned}
L_s &= \frac{CR_2(R_1+R_2)}{(1+A)^2}\frac{\left\{\dfrac{(1+A)R_1}{R_1+R_2}-1\right\}}{1+\left(\dfrac{R_1+R_2}{1+A}\right)^2 C^2\omega^2} \\
&= \frac{CR_2(R_1+R_2)\dfrac{(R_1A-R_2)}{(R_1+R_2)}}{(1+A)^2\left\{1+\left(\dfrac{\omega}{\omega_2}\right)^2\right\}} \\
R_l &= \frac{C^2R_1R_2(R_1+R_2)}{(1+A)^2}\frac{\left\{\omega^2+\dfrac{1}{(R_1C)^2}\dfrac{R_1(1+A)}{(R_1+R_2)}\right\}}{1+\left(\dfrac{R_1+R_2}{1+A}\right)^2 C^2\omega^2} \\
&= \frac{C^2R_1R_2(R_1+R_2)}{(1+A)^2}\frac{(\omega^2+\omega_1\omega_2)}{\left\{1+\left(\dfrac{\omega}{\omega_2}\right)^2\right\}} \\
Q &= \frac{(R_1A-R_2)}{(R_1+R_2)}\frac{\omega\omega_1}{(\omega^2+\omega_1\omega_2)}
\end{aligned}
\right\} \qquad (3\cdot117)
$$

【例題 3・31】 図3・35において，オペアンプは電流利得 A_i をもつ電流制御電流源として動作している．この回路の入力インピーダンスは $R_2(1+A_i)/(R_1+R_2)>1$ ならば，

$$\frac{1}{CR_2}<\omega<\frac{(1+A_i)}{C(R_1+R_2)}$$

の周波数範囲内では誘導性となる．この場合の等価インダクタンス，等価抵抗および Q を求めよ．

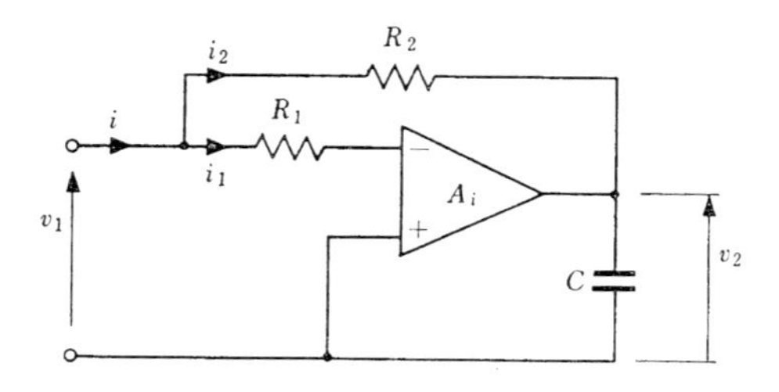

図 3・35　シミュレーション・インダクタンス回路

【解】 回路の各部の電圧，電流を図に示すようにとると，次の関係式が得られる

$$i=\frac{v_1}{R_1}+\frac{(v_1-v_2)}{R_2} \qquad (3\cdot118)$$

$$-\frac{v_1}{R_1}A_i+\frac{(v_1-v_2)}{R_2}=\frac{v_2}{1/j\omega C} \qquad (3\cdot119)$$

式 (3·118) と式 (3·119) とから v_2 を消去すると

$$i=\frac{v_1}{R_1}+\frac{v_1}{R_2}-\frac{1}{R_2}\frac{\left(\frac{1}{R_2}-\frac{A_i}{R_1}\right)v_1}{\left(\frac{1}{R_2}+j\omega C\right)}=\frac{v_1}{R_1}+\frac{v_1}{R_2}+\frac{A_iR_2-R_1}{R_1R_2(1+j\omega CR_2)}v_1$$

となる．したがって入力インピーダンス Z_i は，次のようになる．

$$Z_i=\frac{v_1}{i}=\frac{1}{\frac{1}{R_1}+\frac{1}{R_2}+\frac{A_iR_2-R_1}{R_1R_2(1+j\omega CR_2)}}$$

$$=\frac{R_1R_2}{R_1+R_2}\frac{1+j\omega CR_2}{1+j\omega CR_2+\frac{A_iR_2-R_1}{R_1+R_2}}$$

$$=\frac{R_1R_2}{R_1+R_2}\frac{(1+j\omega CR_2}{\left(1+\frac{A_iR_2-R_1}{R_1+R_2}+j\omega CR_2\right)} \qquad (3\cdot120)$$

ここで，

$$\left.\begin{aligned}H&=\frac{R_1R_2}{R_1+R_2}\\a&=CR_2\\b&=\frac{R_2(1+A_i)}{R_1+R_2}\\s&=j\omega\end{aligned}\right\} \qquad (3\cdot121)$$

とおくと，式 (3·120) は

$$Z_i=H\frac{as+1}{as+b} \qquad (3\cdot122)$$

となる．この式より $b>1$ ならば，Z_i は双線形 RL インピーダンスとなることがわかる．$b>1$ の条件は

$$\frac{R_2(1+A_i)}{(R_1+R_2)}>1$$

すなわち

$$A_i\frac{R_2}{R_1}>1 \qquad (3\cdot123)$$

となる．

Z_i のボード線図は，式 (3·122) より図 3.36 のように得られる．図より明らかなように，Z_i は

$$\frac{1}{a}=\frac{1}{CR_2}<\omega<\frac{b}{a}=\frac{(1+A_i)}{C(R_1+R_2)} \qquad (3\cdot124)$$

の周波数範囲において，誘導性インピーダンスとなる．そして，等価インダクタンス L_s，

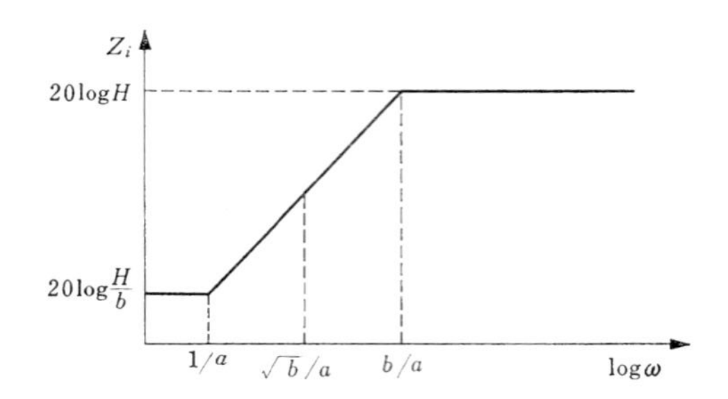

図 3・36　図 3・35 の回路のボード線図

等価抵抗 R_l および Q は，式 (*3・120*) より次のようになる．

$$
\left.
\begin{aligned}
L_s &= \frac{CR_2{}^2(b-1)}{\left(1+\dfrac{R_2}{R_1}\right)(b^2+\omega^2C^2R_2{}^2)} \\
R_l &= \frac{R_2}{1+\dfrac{R_2}{R_1}}\,\frac{b+\omega^2C^2R_2{}^2}{b^2+\omega^2C^2R_2{}^2} \\
Q &= \frac{\omega CR_2(b-1)}{b+\omega^2C^2R_2{}^2}
\end{aligned}
\right\}
\qquad (3\cdot125)
$$

Q の値は

$$\omega_m = \frac{\sqrt{b}}{CR_2} = \frac{\sqrt{b}}{a}$$

を満足する周波数において最大となり，その値は次式を与えられる．

$$Q_m = \frac{b-1}{2\sqrt{b}}$$

【例題 3・32】　図 3・37 の回路は

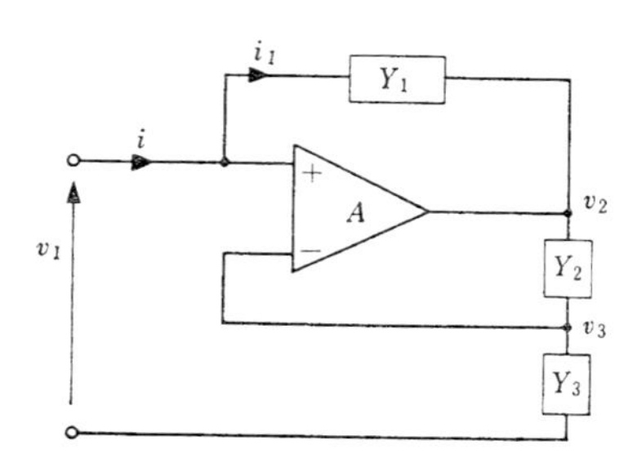

図 3・37　シミュレーション・インダクタンス回路

$$Y_1=\frac{1}{R_1},\quad Y_2=\frac{1}{R_2},\quad Y_3=j\omega C_1 \text{ および } A=1$$

のとき，入力インピーダンスが誘導性となる．この等価インダクタンス，等価抵抗および Q を求めよ．

【解】 回路の各部の電圧，電流を図に示すようにとると，次の関係式が得られる．

$$(v_1-v_2)Y_1=i_1 \qquad (3\cdot126)$$

$$(v_1-v_3)A=v_2 \qquad (3\cdot127)$$

$$(v_2-v_3)Y_2=v_3Y_3 \qquad (3\cdot128)$$

式 (3・127) を式 (3・126) に代入して v_2 を消去すると

$$Y_1v_1(1-A)+Y_1Av_3=i_1 \qquad (3\cdot129)$$

となる．また，式 (3・127) を式 (3・128) に代入して v_2 を消去すると

$$(v_1-v_3)AY_2-v_3Y_2=v_3Y_3$$

すなわち

$$v_3=\frac{v_1Y_2A}{Y_3+Y_2+AY_2} \qquad (3\cdot130)$$

となる．これを式 (3・129) に代入して整理すると

$$Y_1v_1(1-A)+\frac{Y_1Y_2A^2}{Y_2(1+A)+Y_3}v_1=i_1$$

となる．オペアンプが理想的であると $i=i_1$ であるので，入力アドミッタンス Y_i は

$$Y_i=\frac{i}{v_1}=\frac{i_1}{v_1}=\frac{\{(1-A)Y_2(1+A)+(1-A)Y_3+Y_2A^2\}Y_1}{Y_2(1+A)+Y_3}$$

$$=\frac{\{Y_2+Y_3(1-A)\}Y_1}{Y_2(1+A)+Y_3} \qquad (3\cdot131)$$

となる．ここで，$A=1$ であるので，式 (3・131) はさらに次のようになる．

$$Y_i=\frac{Y_1Y_2}{2Y_2+Y_3} \qquad (3\cdot132)$$

入力インピーダンスを Z_i とおくと，Z_i は式 (3・131) より

$$Z_i=\frac{2}{Y_1}+\frac{Y_3}{Y_1Y_2} \qquad (3\cdot133)$$

となる．この式に，$Y_1=1/R_1$，$Y_2=1/R_2$ および $Y_3=j\omega C_1$ を代入すると，Z_i は次のようになる．

$$Z_i=2R_1+j\omega C_1R_1R_2 \qquad (3\cdot134)$$

したがって，等価インダクタンス L_s，等価抵抗 R_l および Q は，次式で与えられる．

$$\left.\begin{aligned}L_s&=R_1R_2C_1\\R_l&=2R_1\\Q&=\frac{\omega R_2C_1}{2}\end{aligned}\right\} \qquad (3\cdot135)$$

【例題 3・33】 図 3・38 の回路において，OP は

$$e_3 = -e_4 = A(e_1 - e_2)$$

の関係をもつ差動入力オペアンプである．この回路の入力インピーダンスは

$$\frac{1}{RC} < \omega < \frac{1}{RC}\sqrt{\frac{1+K}{2K}}$$

の周波数範囲において誘導性となる．この場合の等価インダクタンス，等価抵抗および Q を求めよ．

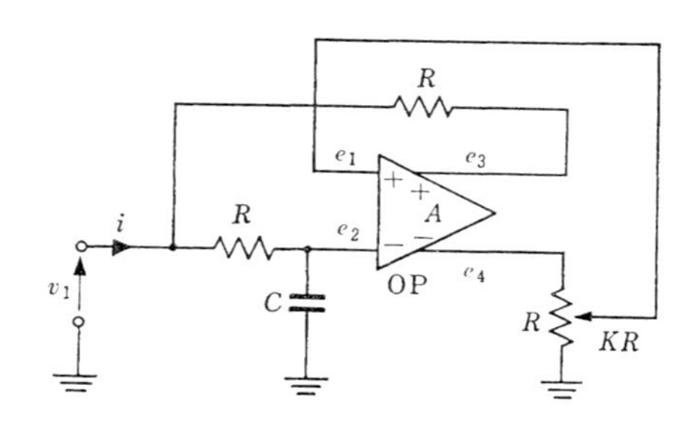

図 3・38　シミュレーション・インダクタンス回路

【解】 回路各部の電圧，電流を図に示すようにとると，次の関係が成り立つ．

$$C\frac{de_2}{dt} = \frac{v_1 - e_2}{R} \qquad (3 \cdot 136)$$

$$i = \frac{v_1 - e_2}{R} + \frac{v_1 - e_3}{R} \qquad (3 \cdot 137)$$

一方，

$$e_3 = -e_4 = A(e_1 - e_2) \qquad (3 \cdot 138)$$

$$e_1 = Ke_4 \qquad (3 \cdot 139)$$

の関係があり，さらに式 (3・138) と式 (3・139) とより

$$e_4 = \frac{e_2 A}{1+AK} \qquad (3 \cdot 140)$$

の関係が得られる．式 (3・138) と式 (3・140) を式 (3・137) に代入して整理すると

$$i = \frac{1}{R}\left(\frac{A}{1+AK} - 1\right)e_2 + \frac{2}{R}v_1 \qquad (3 \cdot 141)$$

となる．

したがって，回路の入力アドミッタンス Y_i は，式 (3・136) と式 (3・141) とより次のようになる．

$$Y_i(s) = \frac{1}{R}\,\frac{1+A+AK}{1+AK}\,\frac{1+T'S}{1+TS} \qquad (3 \cdot 142)$$

ここに，

$$\left.\begin{aligned} T &= RC \\ T' &= \frac{2(1+AK)T}{(1+A+AK)} \end{aligned}\right\} \qquad (3\cdot 143)$$

A が無限大であるとすると，式 (3・142) は

$$Y_i(s) = \frac{1}{R}\left(1+\frac{1}{K}\right)\frac{1+sT\dfrac{2K}{K+1}}{1+sT} \qquad (3\cdot 144)$$

となり，ボード線図は図 3.39 のようになる．

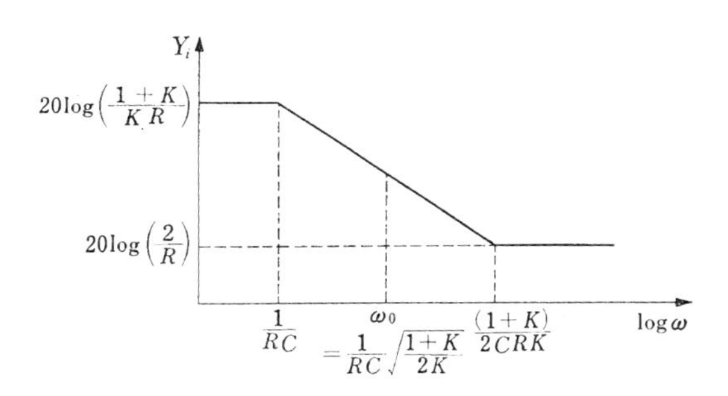

図 3・39 図 3・38 の回路の入力アドミッタンスのボード線図

したがって，Y_i は

$$\frac{1}{RC} < \omega < \frac{1}{RC}\sqrt{\frac{1+K}{2K}} \qquad (3\cdot 145)$$

の周波数範囲において，誘導性アドミッタンスとなる．

式 (3・142) を書き直すと

$$\begin{aligned} Y_i &= \frac{1}{R}\frac{1+A+AK}{1+AK}\frac{1+j\omega T'}{1+j\omega T} = \frac{1}{R}\frac{1+A+AK}{1+AK}\frac{1+\omega^2 TT'+j\omega(T'-T)}{1+(\omega T)^2} \\ &= \frac{1}{R}\frac{1+A+AK}{1+AK}\left[\frac{\left\{1+(\omega RC)^2\dfrac{2(1+AK)}{(1+A+AK)}\right\}}{1+(\omega RC)^2} - j\omega\frac{\left\{1-\dfrac{2(1+AK)}{1+A+AK}\right\}RC}{1+(\omega RC)^2}\right] \end{aligned} \qquad (3\cdot 146)$$

となり，この式において A を無限大とすると Y_i は次のようになる．

$$Y_i = \frac{2}{R}\frac{(\omega RC)^2}{\{1+(\omega RC)^2\}} - j\omega\frac{C(1-K)}{K\{1+(\omega RC)^2\}} \qquad (3\cdot 147)$$

この式は，式 (3・69) と同じ形である．したがって，回路は図 3・26 (b) の並列回路と等価になり，等価インダクタンス L_p 等価抵抗 r_l および Q は次のようになる．

$$\left.\begin{aligned} L_p &= \frac{K\{1+(\omega RC)^2\}}{\omega^2 C(1-K)} \\ r_l &= \frac{R\{1+(\omega RC)^2\}}{2(\omega RC)^2} \\ Q &= \frac{(1-K)}{2\omega RCK} \end{aligned}\right\} \tag{3・148}$$

【**例題 3・34**】 図3・40の回路の出力インピーダンスは，容量性となる．この等価キャパシタンス，等価抵抗および $\tan\delta$ を求めよ．

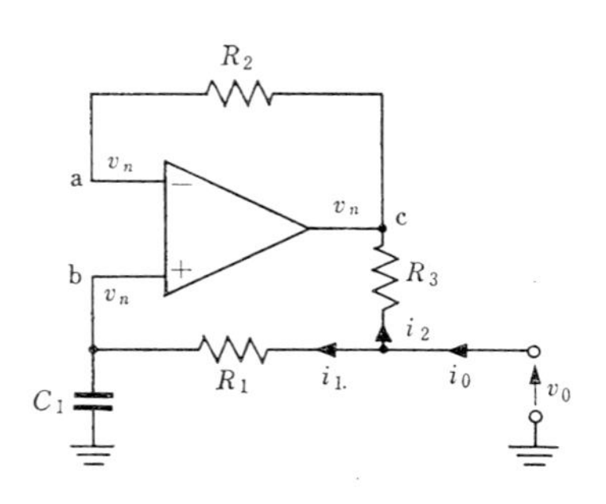

図 3・40　シミュレーション・キャパシタンス回路

【**解**】 オペアンプの開ループ利得および入力インピーダンスは十分大きく，理想的であるとする．点aの電位を v_n とすると，点bの電位も v_n となり，また R_2 に電流が流れないので点cの電位も v_n となる．出力端子の電圧を v_0 とすると，v_n は

$$v_n = \frac{\dfrac{1}{j\omega C_1}}{R_1 + \dfrac{1}{j\omega C_1}} v_0 \tag{3・149}$$

で表される．

回路に流れる電流 i_0，i_1 および i_2 を図示のようにとると，次式が成り立つ．

$$i_0 = i_1 + i_2 \tag{3・150}$$

$$i_1 = \frac{v_0}{R_1 + \dfrac{1}{j\omega C_1}} \tag{3・151}$$

$$i_2 = \frac{v_0 - v_n}{R_3} \tag{3・152}$$

式 (3・149) を式 (3・152) に代入すると

$$i_2=\frac{R_1}{R_3\left(R_1+\dfrac{1}{j\omega C_1}\right)}v_0$$

となるので，この式と式（*3・151*）を式（*3・150*）に代入して

$$i_0=\left\{\frac{1}{R_1+\dfrac{1}{j\omega C_1}}+\frac{R_1}{R_3\left(R_1+\dfrac{1}{j\omega C_1}\right)}\right\}v_0=\frac{(R_1+R_3)}{R_3\left(R_1+\dfrac{1}{j\omega C_1}\right)}v_0 \tag{3・153}$$

を得る．したがって，出力インピーダンス Z_0 は，次のようになる．

$$Z_0=\frac{v_0}{i_0}=\frac{R_1R_3}{R_1+R_3}+\frac{R_3}{j\omega C_1(R_1+R_3)} \tag{3・154}$$

この式は式（*3・71*）と同じ形である．したがって，回路の出力インピーダンスは抵抗とキャパシタンスを直列接続した図 3・27 (a) と等価になる．この等価キャパシタンス C_s，等価抵抗 R_e および $\tan\delta$ は，次のようになる．

$$\left.\begin{aligned}C_s&=\left(1+\frac{R_1}{R_3}\right)C_1\\R_c&=\frac{R_1R_3}{R_1+R_3}\\\tan\delta&=\omega R_1C_1\end{aligned}\right\} \tag{3・155}$$

【例題 3・35】　図 3・41 の回路の入力インピーダンスは，容量性となる．等価キャパシタンス，等価抵抗および $\tan\delta$ を求めよ．

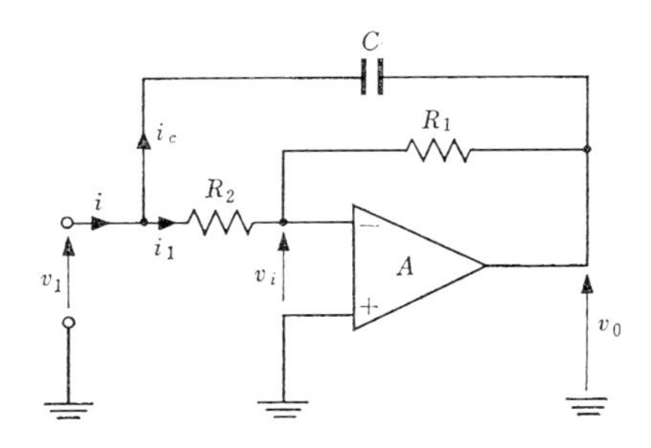

図 3・41　シミュレーション・キャパシタンス回路

【解】　オペアンプの入力インピーダンスが無限大であり，また出力抵抗が 0 であると仮定すると，図 3・41 の回路は図 3・42 の等価回路で書き表される．

各部の電圧，電流を図に示すようにとると，キルヒホッフの法則により次の式が得られる．

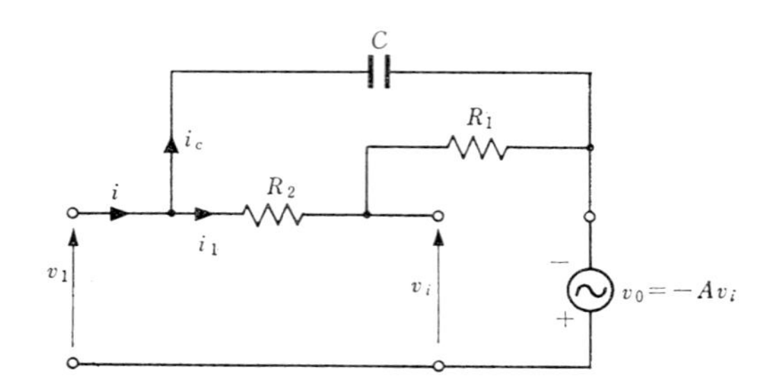

図 3・42　図 3・41 の回路の等価回路

$$v_1 - v_i = i_1 R_2 \qquad (3\cdot156)$$

$$v_i - v_0 = i_1 R_1 \qquad (3\cdot157)$$

$$(R_1+R_2)\,i_1 = \frac{1}{j\omega C} i_C \qquad (3\cdot158)$$

$$v_0 = -Av_i \qquad (3\cdot159)$$

$$i = i_1 + i_C \qquad (3\cdot160)$$

式 (3・156)，式 (3・157) および式 (3・159) より

$$v_1 = \left(\frac{R_1}{1+A} + R_2\right) i_1 \qquad (3\cdot161)$$

が得られ，また式 (3・158) と式 (3・160) とより

$$i_1 = \frac{1}{1+j\omega C(R_1+R_2)} i \qquad (3\cdot162)$$

が得られる．式 (3・161) に式 (3・162) を代入すると

$$v_1 = \left(\frac{R_1}{1+A} + R_2\right) \frac{1}{\{1+j\omega C(R_1+R_2)\}} i$$

となる．したがって，入力インピーダンス Z_i は，次のようになる．

$$Z_i = \frac{v_1}{i} = \left(\frac{R_1}{1+A} + R_2\right) \frac{1}{\{1+j\omega C(R_1+R_2)\}}$$
$$= \frac{R_1+(1+A)R_2}{(1+A)\{1+\omega^2C^2(R_1+R_2)^2\}} - j\frac{\omega C(R_1+R_2)\{R_1+(1+A)R_2\}}{(1+A)\{1+\omega^2C^2(R_1+R_2)^2\}} \qquad (3\cdot163)$$

また，入力アドミッタンス Y_i は

$$Y_i = \frac{i}{v_1} = \frac{1}{\left(\dfrac{R_1}{1+A} + R_2\right)} + \frac{j\omega C(R_1+R_2)}{\left(\dfrac{R_1}{1+A} + R_2\right)} \qquad (3\cdot164)$$

となる．

式 (3・164) は，式 (3・73) と同じ形である．したがって，図 3・41 の回路の入力

インピーダンスは，キャパシタンス C_p と抵抗 r_c を並列に接続した図 3·27 (b) の回路と等価になる．等価キャパシタンス C_p，等価抵抗 r_c および $\tan\delta$ は，次のようになる．

$$\left.\begin{aligned} C_p &= \frac{(R_1+R_2)(1+A)}{\{R_1+(1+A)R_2\}}C \\ r_c &= \frac{R_1}{1+A}+R_2 \\ \tan\delta &= \frac{1}{\omega(R_1+R_2)C} \end{aligned}\right\} \qquad (3\cdot165)$$

練　習　問　題

1.　図 3·3 の回路において，$R_1=60\,\mathrm{k\Omega}$，$R_2=30\,\mathrm{k\Omega}$，$R_3=50\,\mathrm{k\Omega}$ および $R_f=500\,\mathrm{k\Omega}$ である．入力端子に $v_1=0.1\,\mathrm{V}$，$v_2=0.2\,\mathrm{V}$ および $v_3=-0.5\,\mathrm{V}$ を加えるとき，出力電圧はいくらになるか．

2.　図 3·3 の回路において，出力電圧が $v_0=-(5v_1+3v_2+10v_3)$ で与えられる．$R_f=1\,\mathrm{M\Omega}$ として，R_1，R_2 および R_3 の値を求めよ．

3.　図 3·3 の回路において $R_1=R_2=R_3=3R_f$ である．$v_1=0.4\,\mathrm{V}$，$v_2=0.3\,\mathrm{V}$ および $v_3=-0.1\,\mathrm{V}$ を加えるときの出力電圧を求めよ．

4.　図 3·7 の回路において，$R_f=300\,\mathrm{k\Omega}$，$R_f'=500\,\mathrm{k\Omega}$，$R_1=30\,\mathrm{k\Omega}$，$R_2=60\,\mathrm{k\Omega}$，$R_3=20\,\mathrm{k\Omega}$ および $R_4=50\,\mathrm{k\Omega}$ である．回路が平衡するために必要な R_x の値を決定せよ．また，$v_1=-0.5\,\mathrm{V}$，$v_2=0.2\,\mathrm{V}$，$v_3=0.3\,\mathrm{V}$ および $v_4=0.1\,\mathrm{V}$ を入力したときの出力電圧を求めよ．

5.　図 3·10 の積分器において，次の入力電圧が加えられるとき 3 ms 後の出力電圧を求めよ．ただし，$C=0.1\,\mu\mathrm{F}$ および $R=1\,\mathrm{M\Omega}$ である．

　(a)　$v_1=5\,t$　　(b)　$v_1=3t^2$　　(c)　$v_1=2e^t$

6.　図 3·10 の積分器において，$C=1\,\mu\mathrm{F}$ および $R=1\,\mathrm{M\Omega}$ である．$v_1=5\,\mathrm{V}$ を加えたときの出力電圧を求め，図示せよ．ただし，オペアンプの飽和出力電圧は，$\pm 10\,\mathrm{V}$ である．

7.　図 3·19 の微分器において，$C=1\,\mu\mathrm{F}$ および $R=10\,\mathrm{M\Omega}$ である．$v_1=5\,t^2$ の入力を加えたときの出力電圧を求めよ．また，次の時間における出力電圧の値を計算せよ．ただし，オペアンプの飽和出力電圧は，$\pm 10\,\mathrm{V}$ である．

　(a)　$t=5\,\mathrm{ms}$　　(b)　$t=5\,\mathrm{s}$

8.　図 3·28 の回路において，$A_{0l}=100\,000$，$R_1=100\,\mathrm{k\Omega}$，$R_2=200\,\mathrm{k\Omega}$ および $C=0.1\,\mu\mathrm{F}$ である．等価インダクタンスおよび Q を求め，周波数に対してどのように変化するか調べよ．

9.　図 3·29 の回路において，$R_1=1\,\mathrm{M\Omega}$，$R_2=100\,\mathrm{k\Omega}$ および $C=0.1\,\mu\mathrm{F}$ である．等価インダクタンスおよび Q を求め，周波数特性を書け．

10.　図 3·30 の回路において，$R_1=100\,\mathrm{k\Omega}$，$R_2=500\,\mathrm{k\Omega}$，$r=100\,\mathrm{k\Omega}$，$C_1=0.5\,\mu\mathrm{F}$，$C_2=0.1\,\mu\mathrm{F}$ および $A=80\,\mathrm{dB}$ である．Q が無限大となる周波数を求め，その周波数におけるインダクタンスの値を計算せよ．

11.　図 3·33 の回路において，$R_1=100\,\mathrm{k\Omega}$，$R_2=100\,\mathrm{k\Omega}$，$C=1\,\mu\mathrm{F}$ および $A=10\,000$ である．入力インピーダンスが誘導性となる周波数範囲を求め，等価インダクタンスおよび Q の周波数特性を描け．

12.　図 3·35 の回路において，$R_1=10\,\mathrm{k\Omega}$，$R_2=10\,\mathrm{k\Omega}$，$C=0.1\,\mu\mathrm{F}$ および $A_i=1\,000$ である．入力インピーダンスが誘導性となる周波数範囲を求め，等価インダクタンスおよび Q の周波数特性を描け．

13.　図 3.37 の回路において，$R_1=20\,\mathrm{k\Omega}$，$R_2=50\,\mathrm{k\Omega}$ および $C_1=1\,\mu\mathrm{F}$ である．等価インダクタンスの値および 1 kHz における Q の値を求めよ．

14.　図 3·40 の回路において，$R_1=10\,\mathrm{k\Omega}$，$R_2=100\,\mathrm{k\Omega}$，$R_3=100\,\Omega$ および $C_1=100\,\mathrm{pF}$ である．等価キャパシタンスの値を求め，$\tan\delta$ が周波数によってどのように変化するかを調べよ．

15.　図 3·41 の回路において，$R_1=100\,\mathrm{k\Omega}$，$R_2=1\,\mathrm{k\Omega}$，$C=100\,\mathrm{pF}$ および $A=10\,000$ である．等価キャパシタンスの値を求め，$\tan\delta$ が周波数によってどのように変化するかを調べよ．

非線形回路 4

4・1 対数増幅器と逆対数増幅器

対数増幅器 (logarithmic amplifier) は入力の対数に比例した出力を得る回路であり，信号の圧縮，乗算・除算などに広く使用されている．増幅器にこのような機能を持たせるためには，対数特性を示す素子が必要である．pn 接合が対数特性を有するので，通常ダイオードあるいはトランジスタが使用される．

半導体ダイオードを流れる電流 I_D は

$$I_D = I_s(e^{qV_D/kT}-1) \fallingdotseq I_s e^{qV_D/kT} \qquad (4 \cdot 1)$$

で表される．ここに

$I_s =$ 逆方向飽和電流

$q =$ 電子の電荷（1.6×10^{-19} クーロン）

$V_D =$ ダイオードの電圧

$k =$ ボルツマンの定数（1.38×10^{-23} ジュール/°K）

$T =$ 絶対温度

である．

同様に，ベース接地形トランジスタのコレクタ電流 I_C は

$$I_C = I_{ES}(e^{qV_{BE}/kT}-1) \fallingdotseq I_{ES} e^{qV_{BE}/kT} \qquad (4 \cdot 2)$$

で表される．ここに

$V_{BE} =$ エミッタ・ベース電圧

$I_{ES} =$ コレクタ・ベース間短絡時の逆バイアスによるエミッタ・ベースダイオード電流

である．

これらの式より明らかなように，ダイオード電流およびトランジスタのコレク

タ電流は指数関数で与えられる．そこで，これらの素子を用いて増幅回路を構成すると，対数増幅器が得られる．

図 4·1 は，ダイオードを用いた対数増幅器である．この増幅器の出力電圧 V_0 は，次式で与えられる．

$$\left.\begin{array}{ll}\text{正の入力電圧の場合} & V_0=-\dfrac{kT}{q}\left(\ln\dfrac{V_1}{R_1}-\ln I_s\right)\\ \text{負の入力電圧の場合} & V_0=\dfrac{kT}{q}\left\{\ln\left(\dfrac{-V_1}{R_1}\right)-\ln I_s\right\}\end{array}\right\}\qquad(4\cdot3)$$

対数増幅器の出力は，一方向だけである．図 4·1(a) は正の入力電圧に対する回路であり，出力電圧は負となる．ダイオードの向きを逆にした図 4·1 (b) は負の入力電圧に対する回路であって，この場合には正の出力電圧が得られる．

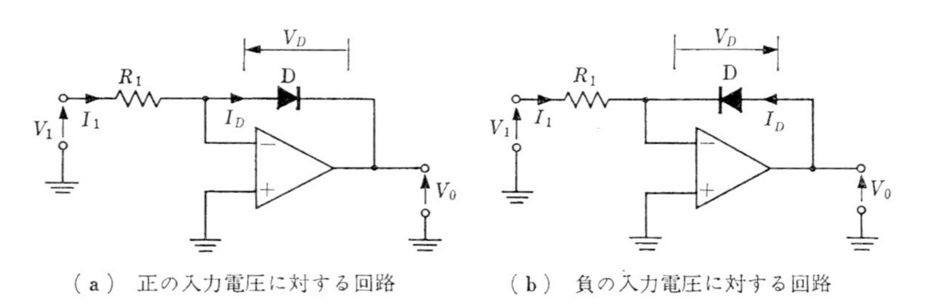

（a） 正の入力電圧に対する回路　（b） 負の入力電圧に対する回路

図 4·1　ダイオード対数増幅器

図 4·2 は，ベース接地形トランジスタを用いた対数増幅器である．この出力電圧 V_0 は，次式で与えられる．

$$\left.\begin{array}{ll}\text{正の入力電圧の場合} & V_0=-\dfrac{kT}{q}\left(\ln\dfrac{V_1}{R_1}-\ln I_{ES}\right)\\ \text{負の入力電圧の場合} & V_0=\dfrac{kT}{q}\left\{\ln\left(\dfrac{-V_1}{R_1}\right)-\ln I_{ES}\right\}\end{array}\right\}\qquad(4\cdot4)$$

図 4·2(a) は npn トランジスタを使用しているので，正の入力電圧に対する回路となり，負の出力電圧が得られる．pnp トランジスタを用いた図 4·2 (b) は負の入力電圧に対する回路であり，正の出力電圧の応答が得られる．

図 4·1 および図 4·2 の回路において，R_1 とダイオードあるいはトランジスタとを交換すると，入力の指数関数に比例した出力が得られる．これを逆対数増幅器 (anti-logarithmic amplifier) という．

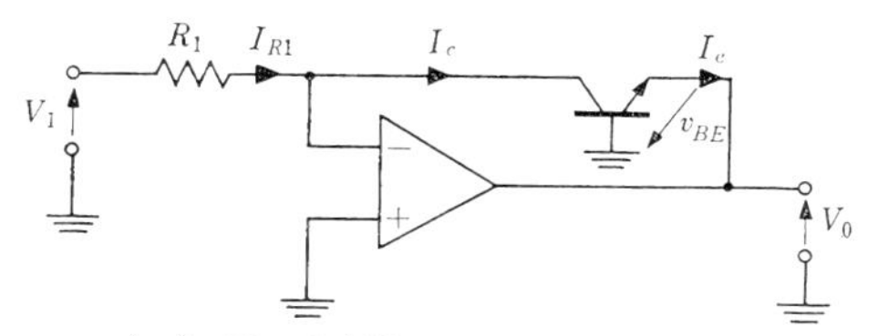

（a）　正の入力電圧に対する回路

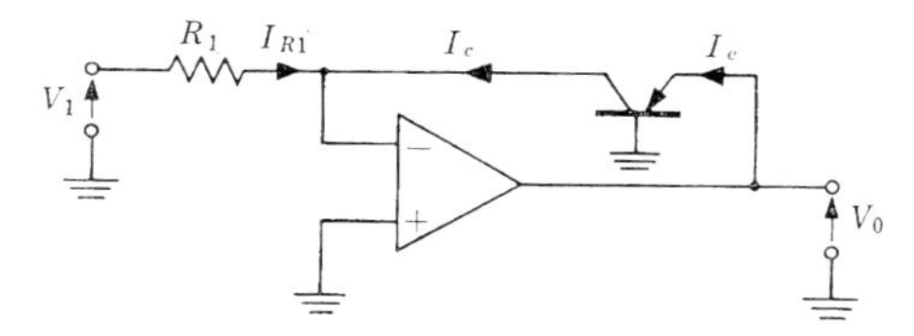

（b）負の入力電圧に対する回路

図 4・2　トランジスタ対数増幅器

図 4・3 は，ダイオードを用いた逆対数増幅器である．この回路の出力電圧 V_0 は，次式で与えられる．

$$
\left.
\begin{aligned}
&\text{正の入力電圧の場合} \qquad V_0 = -R_f I_s e^{qV_1/kT} \\
&\text{負の入力電圧の場合} \qquad V_0 = R_f I_s e^{(-qV_1/kT)}
\end{aligned}
\right\} \qquad (4 \cdot 5)
$$

逆対数増幅器の出力も，一方向だけである．図 4・3(a) は正入力に対して逆対数増幅する回路であり，負の出力電圧が得られる．同図 (b) は負の入力に対する回路であって，正の出力電圧が得られる．

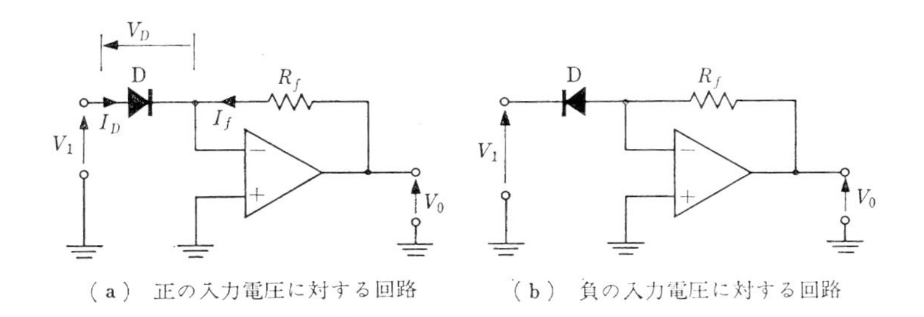

（a）　正の入力電圧に対する回路　　（b）　負の入力電圧に対する回路

図 4・3　ダイオード逆対数増幅器

また，図 4・4 はトランジスタを用いた逆対数増幅器である．この回路の出力

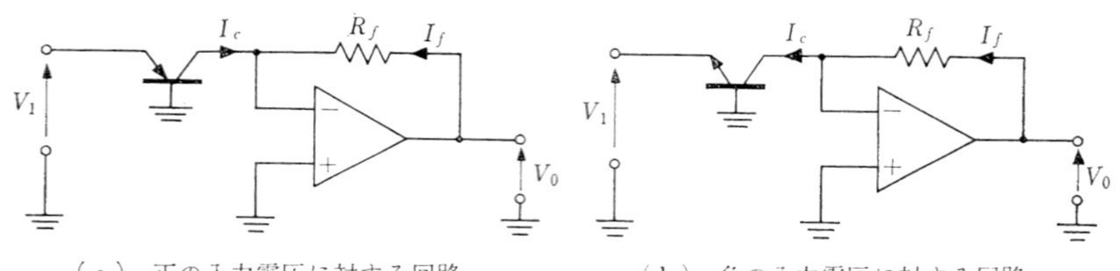

（a）　正の入力電圧に対する回路　　　（b）　負の入力電圧に対する回路

図 4・4　トランジスタ逆対数増幅器

電圧 V_0 は，次式で与えられる．

$$\left.\begin{array}{ll}\text{正の入力電圧の場合} & V_0 = -R_f I_{ES} e^{qV_1/kT} \\ \text{負の入力電圧の場合} & V_0 = R_f I_{ES} e^{(-qV_1/kT)}\end{array}\right\} \quad (4\cdot 6)$$

図 4・4 (a) は pnp トランジスタを用いており，正入力に対して対数増幅して負の出力となる．入力電圧が負電圧になると，npn トランジスタを用いなくてはならない．図 4・4(b) はこれを示しており，出力電圧は正となる．

【例題 4・1】　図 4・1 に示す対数増幅器において，ダイオードは $I_s = 15\text{nA}$ であり，また $R_1 = 200\,\text{k}\Omega$ である．入力電圧 $V_1 = 5\,\text{V}$ を加えたときの出力電圧 V_0 を求めよ．ただし，$T = 300°\text{K}$ とする．

【解】　図 4・1(a) の回路において，電圧，電流を図に示すようにとる．

ダイオードの順方向電流 I_D は

$$I_D \fallingdotseq I_s e^{qV_D/kT}$$

であるので，両辺の自然対数をとると

$$\ln I_D \fallingdotseq \ln I_s + \frac{q}{kT} V_D$$

となり，これを V_D について解くと次のようになる．

$$V_D \fallingdotseq \frac{kT}{q} (\ln I_D - \ln I_s)$$

オペアンプが理想的であると，$I_1 = I_D$ および $I_1 = V_1/R_1$ の関係があるので，V_D は

$$V_D \fallingdotseq \frac{kT}{q} \left(\ln \frac{V_1}{R_1} - \ln I_s\right)$$

となる．$V_0 = -V_D$ であるので，出力電圧 V_0 は次式で与えられる．

$$V_0 = -\frac{kT}{q} \left(\ln \frac{V_1}{R_1} - \ln I_s\right)$$

この式に与えられた数値を代入して計算すると

$$V_0 = -\frac{1.38\times10^{-23}\times300}{1.6\times10^{-19}}\left\{\ln\left(\frac{5}{200\times10^3}\right)-\ln\,(15\times10^{-9})\right\}$$
$$= -2.59\times10^{-2}\times\{\ln\,(2.5\times10^{-5})-\ln\,(15\times10^{-9})\}$$
$$= -2.59\times10^{-2}\times\ln\,(1.67\times10^3)$$
$$= -2.59\times10^{-2}\{\ln 1.67+(3\times2.303)\}$$
$$= -2.59\times10^{-2}\times(0.5128+6.909)$$
$$= -2.59\times10^{-2}\times7.42$$
$$= -0.192\text{ V}$$

となる．

【例題 4・2】 図 4・2 に示す対数増幅器において，入力電圧の最大値が 10 V である．トランジスタの $I_{ES} = 40$ nA および $kT/q = 26$ mV として，この回路を設計せよ．また，+2 V の直流入力の場合の出力電圧を求めよ．

【解】 まず，図 4・2 の回路のトランジスタが最大入力電圧においても対数特性の範囲内で動作するように，抵抗 R_1 を決定しなければならない．いま，トランジスタは，$I_E = 0.1$ mA 以内であるならば V_{EB} 対 I_e 特性が対数的であると仮定する．

図 4・2 に示すように電圧，電流をとると，オペアンプが理想的であるとして

$$\left.\begin{aligned} I_C &\fallingdotseq I_e \\ I_C &= I_{R1} \\ I_{R1} &= \frac{V_1}{R_1} \end{aligned}\right\} \qquad (4\cdot7)$$

の関係が成り立つ．これらの関係より R_1 を求めると

$$R_1 = \frac{V_1}{I_e} \qquad (4\cdot8)$$

の関係が得られる．

入力電圧の最大値は 10 V であるので，10 V が入力されたときに I_e が 0.1 mA 以上にならないように，抵抗 R_1 を決定しなければならない．したがって，式 (*4・8*) より R_1 は次のようになる．

$$R_1 = \frac{10\ V}{0.1\text{ mA}} = 100\text{ k}\Omega$$

さて，ベース接地形トランジスタのコレクタ電流 I_C は，式 (*4・2*) で与えられる．すなわち

$$I_C = I_{ES}e^{qV_{BE}/kT}$$

この式を V_{BE} について解くと

$$V_{BE} = \frac{kT}{q}(\ln I_C - \ln I_{ES}) \qquad (4\cdot9)$$

となる．$V_0 = -V_{BE}$ であるので，式 (*4・7*) と式 (*4・9*) を用いて出力電圧 V_0 は

$$V_0 = -\frac{kT}{q}\left(\ln\frac{V_1}{R_1} - \ln I_{ES}\right) \qquad (4\cdot10)$$

となる．与えられた数値を式 (4·10) に代入して計算すると，V_0 は次のようになる．

$$V_0 = -0.026\times\left\{\ln\left(\frac{2}{100\times10^3}\right) - \ln(40\times10^{-9})\right\}$$

$$= -0.026\times\ln\left(\frac{2\times10^{-5}}{4\times10^{-8}}\right) = -0.026\times\ln(5\times10^2)$$

$$= -0.026\times\{\ln 5 + (2\times2.303)\} = -0.026\times(1.61+4.606)$$

$$= -0.1616\ \mathrm{V}$$

【例題4・3】 図 4·5 は，高性能の対数増幅器である．V_1 なる入力電圧を加えたときの出力電圧 V_0 を求めよ．

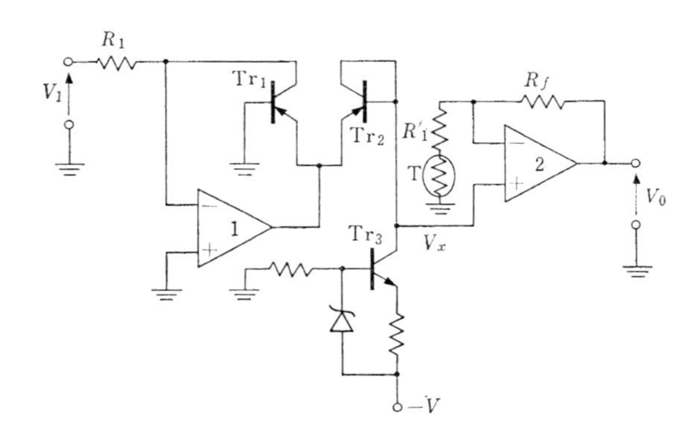

図 4·5　高性能対数増幅器

【解】 トランジスタの V_{BE} は，次式で与えられる．

$$V_{BE} = \frac{kT}{q}(\ln I_C - \ln I_{BS})$$

完全に一致した2つのトランジスタ Tr_1 と Tr_2 とのエミッタ・ベース電圧の差は

$$V_{BE1} - V_{BE2} = \frac{kT}{q}(\ln I_{C1} - \ln I_{ES}) - \frac{kT}{q}(\ln I_{C2} - \ln I_{ES})$$

$$= \frac{kT}{q}\ln I_{C1} - \frac{kT}{q}\ln I_{C2}$$

$$= \frac{kT}{q}\ln\frac{I_{C1}}{I_{C2}}$$

$V_{BE1} - V_{BE2} = -V_x$ であり，また $I_{C1} = V_1/R_1$ であるので，上式は

$$V_x = -\frac{kT}{q}\ln\left(\frac{V_1}{R_1 I_{C2}}\right)$$

$$= -\frac{kT}{q}\{\ln V_1 - \ln(R_1 I_{C2})\}$$

となる．したがって，出力電圧 V_0 は次のようになる．

$$V_0 = \left(1+\frac{R_f}{R_1}\right)V_x$$

$$= -\left(1+\frac{R_f}{R_1}\right)\frac{kT}{q}\{\ln V_1 - \ln(R_1 I_{C2})\} \qquad (4\cdot 11)$$

ここに，　$R_1 = R_1' + R_T$

$R_T =$ サーミスタ T の抵抗

である．

Tr_2 のコレクタ電流 I_{C2} は，Tr_3 で構成される定電流源の出力電流 I_{C3} となる．$R_1 I_{C2} = 1$ になるように I_{C2} をとり，オペアンプ2のオフセットが $(kT/q)\ln\{1/(R_1 I_{C2})\}$ に等しくなるように調整する．さらに，オペアンプ2で構成される増幅部分の利得が，$q/(kT)$ に等しくなるようにとる．すなわち

$$1+\frac{R_f}{R_1} = \frac{q}{kT}$$

の関係を満足するように回路定数を選ぶと，式 (*4・11*) で与えられる回路の出力電圧 V_0 は

$$V_0 = -\ln V_1 \qquad (4\cdot 12)$$

となる．

サーミスタ T は，kT/q 項の温度変化に対する補償のために挿入されている．

【例題 4・4】　図 4・3 の逆対数増幅器において，$R_f = 100\,\mathrm{k\Omega}$ であり，またダイオードの I_s は $I_s = 4\,\mathrm{nA}$ である．入力電圧が 0.1 V の場合の出力電圧を求めよ．ただし，$kT/q = 26\,\mathrm{mV}$ とする．

【解】　図 4・3(a) の回路において，各部の電圧，電流を図に示すようにとると，オペアンプが理想的であるとして次の関係式が得られる．

$$\left.\begin{array}{l} V_D = V_1 \\ I_f = \dfrac{V_0}{R_f} \\ I_D = -I_f \end{array}\right\} \qquad (4\cdot 13)$$

また，ダイオードの電圧 V_D と電流 I_D との間には

$$I_D = I_s e^{qV_D/kT} \qquad (4\cdot 14)$$

の関係があるので，式 (*4・13*) と式 (*4・14*) とより V_0 を求めると，出力電圧は次のようになる．

$$V_0 = R_f I_f = -R_f I_s e^{qV_1/kT} \qquad (4\cdot 15)$$

与えられた数値を代入して計算すると，出力電圧 V_0 は次のようになる．

$$V_0 = -100\times10^3\times4\times10^{-9}\times e^{\frac{0.1}{26\times10^{-3}}} = -4\times10^{-4}\times e^{3.85}$$
$$= -4\times10^{-4}\times46.99 = -18.8\ \mathrm{mV}$$

【例題4・5】 図 4・4 (a) のトランジスタ逆対数増幅器において，$R_f = 100$ kΩ であり，$V_1 = +0.1616$ V の電圧が入力端子に加えられる．このときの出力電圧 V_0 を求めよ．ただし，$I_{ES} = 40$ nA および $kT/q = 26$ mV とする．

【解】 トランジスタのコレクタ電流 I_C は，式 (*4・2*) で表される．すなわち

$$I_C = I_{ES}e^{qV_{EB}/kT} \qquad (4\cdot16)$$

回路の電圧，電流を図 4・4(a) に示すようにとると，次の関係式が得られる．

$$\left.\begin{aligned} I_C &= -I_f \\ V_0 &= R_f\cdot I_f \\ V_1 &= V_{EB} \end{aligned}\right\} \qquad (4\cdot17)$$

式 (*4・16*) と式 (*4・17*) とより，出力電圧 V_0 は次の式のようになる．

$$V_0 = -R_fI_{ES}e^{qV_1/kT} \qquad (4\cdot18)$$

この式に与えられた数値を代入して計算すると，出力電圧 V_0 は次のようになる．

$$V_0 = -100\times10^3\times4\times10^{-8}\times e^{0.1616/0.026} = -0.004e^{6.216}$$
$$= -0.004\times500 = -2\ \mathrm{V}$$

【例題4・6】 図 4・6 は，掛算回路 (multiplying circuit) である．2つの入力端子に，それぞれ $V_1 = 0.1$ V および $V_2 = 0.2$ V の電圧を加えるとき，出力電圧 V_0 は何ボルトとなるか．ただし，トランジスタ Tr_1，Tr_2 および Tr_3 のエミッタ・ベース間逆方向飽和電流を I_{s1}，I_{s2} および I_{s3} とすると，$R_fI_{s3} = R_1R_2I_{s1}I_{s2}$ の関係が成り立つ．

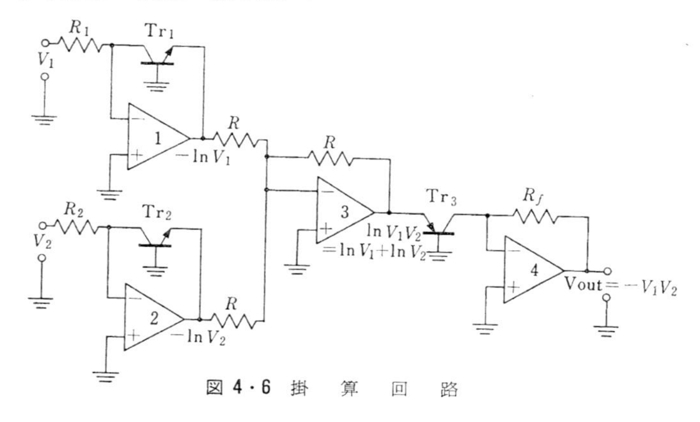

図 4・6　掛　算　回　路

【解】 オペアンプ1およびオペアンプ2の出力電圧 V_{01} および V_{02} は，それぞれ次のようになる．

$$V_{01}=-\left(\frac{kT}{q}\ln\frac{V_1}{R_1}-\frac{kT}{q}\ln I_{s1}\right) \tag{4・19}$$

$$V_{02}=-\left(\frac{kT}{q}\ln\frac{V_2}{R_2}-\frac{kT}{q}\ln I_{s2}\right) \tag{4・20}$$

オペアンプ3によって構成される加算器の出力 V_{03} は

$$V_{03}=\frac{kT}{q}\left(\ln\frac{V_1}{R_1}+\ln\frac{V_2}{R_2}-\ln I_{s1}-\ln I_{s2}\right) \tag{4・21}$$

となる．したがって，トランジスタ Tr_3 とオペアンプ4で構成される逆対数増幅器の出力 V_0 は，次のようになる．

$$\begin{aligned} V_0&=-R_fI_{s3}\exp\left(\ln\frac{V_1}{R_1}+\ln\frac{V_2}{R_2}-\ln I_{s1}-\ln I_{s2}\right)\\ &=-R_fI_{s3}\exp\left\{\ln\left(\frac{V_1V_2}{R_1R_2I_{s1}I_{s2}}\right)\right\}\\ &=-\frac{R_fI_{s3}}{R_1R_2I_{s1}I_{s2}}V_1V_2 \end{aligned} \tag{4・22}$$

回路は $R_fI_{s3}=R_1R_2I_{s1}I_{s2}$ の関係が成り立つように構成されているので，上式の出力電圧 V_0 は

$$V_0=-V_1V_2 \tag{4・23}$$

となる．

この式に与えられた数値を代入して計算すると，出力電圧 V_0 は次のようになる．

$$V_0=-0.1\times0.2=-0.02\ \mathrm{V}$$

【例題4・7】 図4・7は，割り算回路（divider circuit）である．2つの入力端子に，それぞれ $V_1=0.2\,\mathrm{V}$ および $V_2=0.4\,\mathrm{V}$ の電圧を加えたときの出

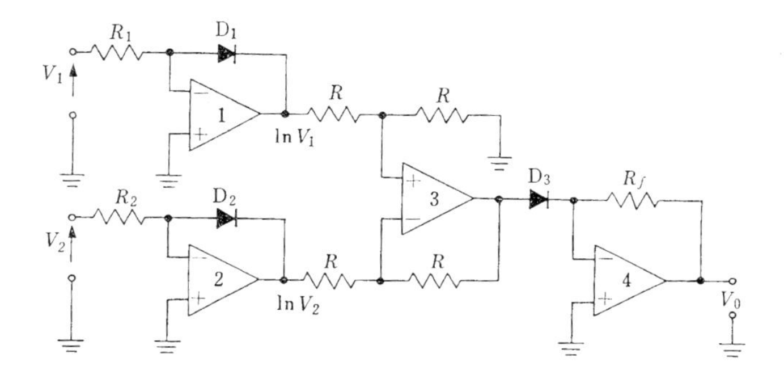

図4・7 割り算回路

力電圧 V_0 を求めよ．ただし，ダイオード D_1，D_2 および D_3 の逆方向飽和電流をそれぞれ I_{s1}, I_{s2} および I_{s3} とすると，$I_{s1} \fallingdotseq I_{s2}$，$R_1 = R_2$ および $R_f I_{s3} = 1\,\mathrm{V}$ の関係が成り立つ．

【解】 オペアンプ1および2によって構成される対数増幅器の出力 V_{01} および V_{02} は，それぞれ次のようになる．

$$V_{01} = -\frac{kT}{q}\left(\ln\frac{V_1}{R_1} - \ln I_{s1}\right) \tag{4・24}$$

$$V_{02} = -\frac{kT}{q}\left(\ln\frac{V_2}{R_2} - \ln I_{s2}\right) \tag{4・25}$$

V_{01} はオペアンプ3で構成される加減算器の正入力端子に加えられ，また V_{02} は負入力端子に加えられる．したがって，オペアンプ3の出力電圧 V_{03} は

$$V_{03} = -\frac{kT}{q}\left(\ln\frac{V_1}{R_1} - \ln I_{s1} - \ln\frac{V_2}{R_2} + \ln I_{s2}\right) \tag{4・26}$$

となる．

通常，$I_{s1} \fallingdotseq I_{s2}$ および $R_1 = R_2$ にとられるので，上式は次のように近似される．

$$V_{03} \fallingdotseq -\frac{kT}{q}\left(\ln\frac{V_1}{R_1} - \ln\frac{V_2}{R_2}\right) = \frac{kT}{q}\ln\frac{V_2 R_1}{V_1 R_2}$$

$$= \frac{kT}{q}\ln\frac{V_2}{V_1} \tag{4・27}$$

この電圧が，オペアンプ4で構成される逆対数増幅器に入るので，その出力電圧 V_0 は次のようになる．

$$V_0 = -R_f I_{s3} \exp\left(\ln\frac{V_2}{V_1}\right) = -R_f I_{s3}\frac{V_2}{V_1} \tag{4・28}$$

ここで，$R_f I_{s3} = 1\,\mathrm{V}$ に作られているので，上式は

$$V_0 = -\frac{V_2}{V_1} \tag{4・29}$$

となる．

式 (4・28) に与えられた数値を代入して計算すると，出力電圧 V_0 は次のようになる．

$$V_0 = -\frac{0.4}{0.2}\times 1 = -2\ \mathrm{V}$$

4・2　電　源　回　路

電子工学においては，直流電源が広く使用されている．これは，いろいろな電子デバイスを動作させるために，直流電源を必要とするためである．

直流電源としては，電池および整流回路がある．電池は低電力あるいは携帯

用装置に便利であるが，しかし動作時間に制限があって充電あるいは取換えが必要となる．整流回路は商用電源の交流電圧を直流電圧に変換するものであるのでそのわずらわしさがなく，もっとも広く利用されている．

整流回路には，一般にダイオードが使用されている．図4・8は，整流回路のうちで広く使用されている単相全波整流回路である．この回路の出力電圧 V_{dc} は，次式で与えられる．

$$V_{dc}=\frac{2}{\pi}\frac{R_l}{2r_d+R_l}V_m \tag{4・30}$$

ここに，変成器の2次側の電圧 v は $v=V_m\sin\omega t$ であり，ダイオードの順方向抵抗は r_d とおいている．

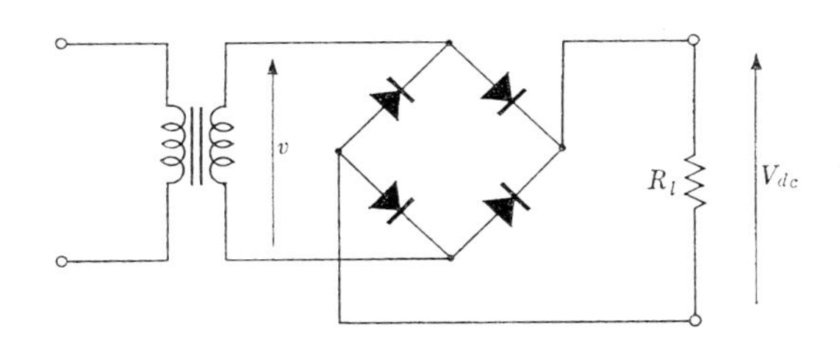

図 4・8 単相全波整流回路

整流電源はもっとも経済的な直流電源であるが，直流出力電圧に交流リップル電圧が含まれ，また負荷電流が増加すると直流電圧が減少するという欠点がある．これを避けるために定電圧回路が使用される．定電圧回路によって電圧変動は抑えられ，同時に交流リップル電圧も除去される．

定電圧回路は，オペアンプを用いて構成される場合が多い．これは，回路構成が簡単であり，また容易に短絡保護回路をつけることが可能であるからである．図4・9は，オペアンプを用いた基本定電圧回路である．負荷電圧 V_0 は，規準電圧 V_r および帰還抵抗 R_f と R_1 によって決定され，次式で与えられる．

$$V_0=\frac{R_f+R_1}{R_1}V_r \tag{4・31}$$

負荷電流が変化しても，負荷電圧は式(4・31)によって一定に保たれる．また，非安定化電源電圧に含まれるリプル電圧および電圧変動は，オペアンプによって吸収される．

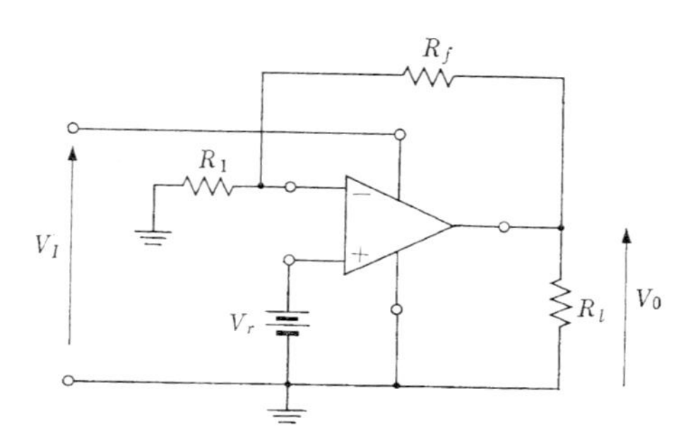

図 4・9　オペアンプを用いた基本定電圧回路

【例題 4・8】 図 4・8 の単相全波整流回路において，$R_l=200\,\Omega$ および $r_d=2\,\Omega$ である．$v=40\sin\omega t$ の入力電圧を加えたとき，直流出力電流，直流出力電圧，直流出力電力および整流効率を求めよ．

【解】 出力電流は図 4・10 に示す波形となるので，出力電流の平均値すなわち直流出力電流 I_{dc} は次式で与えられる．

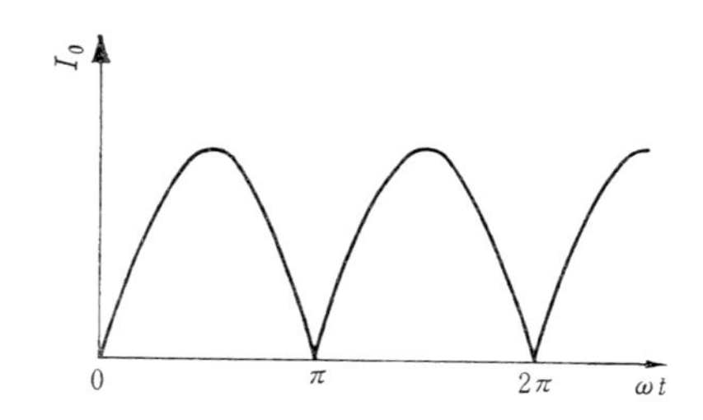

図 4・10　単相全波整流電流波形

$$I_{dc}=\frac{1}{\pi}\int_0^{\pi}\frac{V_m\sin\omega t}{(R_l+2r_d)}d(\omega t)=\frac{2}{\pi}\frac{V_m}{(R_l+2r_d)} \qquad (4\cdot 32)$$

したがって，与えられた数値を代入して計算すると

$$I_{dc}=\frac{2}{\pi}\frac{40}{(200+2\times 2)}=\frac{2}{\pi}\frac{40}{204}=0.1248\ \mathrm{A}\fallingdotseq 125\ \mathrm{mA}$$

となる．また，直流出力電圧 V_{dc} および直流出力電力 P_{dc} は，式 (4・32) からそれぞれ次式で与えられる．

$$V_{dc} = I_{dc}R_l = \frac{2}{\pi}\frac{R_l}{(R_l+2r_d)}V_m \qquad (4\cdot33)$$

$$P_{dc} = \left\{\frac{2}{\pi}\frac{V_m}{(R_l+2r_d)}\right\}^2 R_l \qquad (4\cdot34)$$

これらの式に与えられた数値を代入して

$$V_{dc} = \frac{2}{\pi}\frac{200}{(200+2\times2)}40 = 25\ \mathrm{V}$$

$$P_{dc} = \left\{\frac{2}{\pi}\frac{200}{(200+2\times2)}\right\}^2 200 = 3.13\ \mathrm{W}$$

となる．

整流効率 η は，直流出力電力 P_{dc} と交流入力電力 P_{ac} との比で与えられる．P_{ac} は，交流電流の実効値を I_{ac} とすると

$$P_{ac} = I_{ac}{}^2(R_l+2r_d)$$

であり，また I_{ac} は

$$I_{ac} = \sqrt{\frac{1}{\pi}\int_0^{\pi}\left(\frac{V_m\sin\omega t}{R_l+2r_d}\right)^2 d(\omega t)}$$

$$= \frac{1}{\sqrt{2}}\frac{V_m}{(R_l+2r_d)}$$

であるので，η は次式で与えられる．

$$\eta = \frac{P_{dc}}{P_{ac}} = \frac{8}{\pi^2}\frac{R_l}{(R_l+2r_d)} = \frac{0.81}{1+(2r_d/R_l)} \qquad (4\cdot35)$$

与えられた数値を代入して η を計算すると，次のようになる．

$$\eta = \frac{0.81}{1+\left(\frac{2\times2}{200}\right)} = \frac{0.81}{1.02} = 0.794 = 79.4\,\%$$

【例題 4・9】 理想的なオペアンプを用いた図 4・9 の定電圧回路において，$R_f = 10\,\mathrm{k\Omega}$ および $V_r = 5\,\mathrm{V}$ である．入力端子に例題 4・8 の回路が接続されるものとして，R_1 の値を求めよ．

【解】 図 4・9 の回路は非反転増幅回路であるので，出力電圧 V_0 は式（*1・30*）より次式で与えられる．

$$V_0 = \left(1+\frac{R_f}{R_1}\right)V_r \qquad (4\cdot36)$$

入力端子に例題 4・8 の回路が接続されるので，入力電圧 V_I は例題 4・8 の出力電圧 $V_{dc} = 25\,\mathrm{V}$ となる．したがって，V_0 は

$$V_0 = V_I = V_{dc} = 25\ \mathrm{V}$$

にとる．この値と $R_f = 10\,\mathrm{k\Omega}$ とを，式（*4・36*）に代入して R_1 を求めると

$$R_1 = \frac{R_f}{(V_0/V_r)-1} = \frac{10\,\mathrm{k\Omega}}{\left(\frac{25\,\mathrm{V}}{5\,\mathrm{V}}-1\right)} = \frac{10}{4}\,\mathrm{k\Omega} = 2.5\,\mathrm{k\Omega}$$

となる．

【例題4・10】 図4・11の定電圧回路において，出力電圧 15 V の定電圧出力を得たい．ツェナダイオードDは，$V_Z = 5\,\mathrm{V}$ および $I_Z = 5\,\mathrm{mA}$ の特性のものを使用する．この回路を設計せよ．

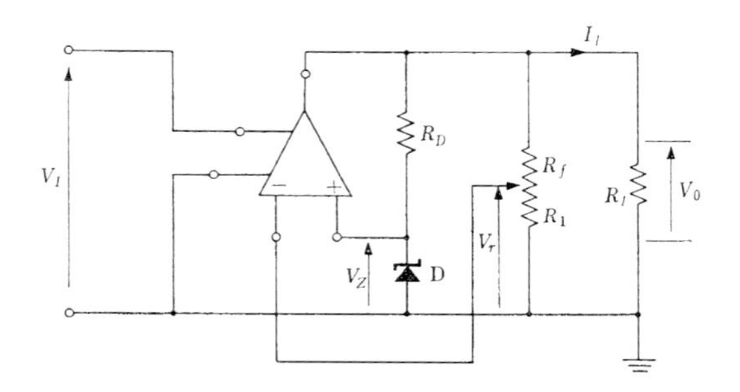

図 4・11　ツェナダイオードを用いた定電圧回路

【解】 ツェナダイオードのツェナ電圧 V_Z は，通常出力電圧 V_0 の 1/3～1/2 程度にとられる．すなわち

$$V_Z = \left(\frac{1}{3} \sim \frac{1}{2}\right) \times V_0$$

ここでは $V_0 = 15\,\mathrm{V}$ であるので，$V_Z = 5\,\mathrm{V}$ とする．

ツェナダイオードは，逆バイアス電圧が加えられ，ブレークダウン領域で動作する．このときの電流を I_Z とすると，I_Z は次式で与えられる．

$$I_Z = \frac{V_0 - V_Z}{R_D}$$

いま，$I_Z = 5\,\mathrm{mA}$ にとると，R_D は上式より

$$R_D = \frac{15\,\mathrm{V} - 5\,\mathrm{V}}{5\,\mathrm{mA}} = 2\,\mathrm{k\Omega}$$

となる．

次に，帰還電圧を取り出すための抵抗 $(R_f + R_1)$ を決定する．$V_0 = 15\,\mathrm{V}$ によって 1 mA 程度の電流を，この抵抗に流し得るものとすると

$$R_f+R_1=\frac{15\ \mathrm{V}}{1\ \mathrm{mA}}=15\ \mathrm{k\Omega}$$

となる．$V_r=V_Z$ であるので，式 (*4・31*) より R_1 は

$$R_1=(R_f+R_1)\frac{V_Z}{V_0}$$

$$=15\ \mathrm{k\Omega}\left(\frac{5\ \mathrm{V}}{15\ \mathrm{V}}\right)=5\ \mathrm{k\Omega}$$

となり，また R_f は

$$R_f=15\ \mathrm{k\Omega}-5\ \mathrm{k\Omega}=10\ \mathrm{k\Omega}$$

となる．

オペアンプの電源電圧は，オペアンプの飽和を避けるために，出力電圧よりも高くとらなければならない．通常，2 V 以上高くとられる．そこで，非安定入力電圧 V_I は

$$V_I=(V_0+2)\ \mathrm{V}$$

で与えられる．$V_0=15\ \mathrm{V}$ であるので，V_I は

$$V_I=(15+2)\ \mathrm{V}=17\ \mathrm{V}$$

となる．

4・3 発　振　器

電子工学においては，正弦波・方形波・三角波・のこぎり波などいろいろな波形の電圧，電流が利用されている．このような波形を発生させる装置を，波形発生器（waveform generator）という．特に，正弦波信号を出力する波形発生器を，発振器（oscillator）と呼ぶ場合が多い．通常波形発生器は，発振器と波形変換器を組み合わせて構成されている．

発振器は，外部から信号を与えないで一定の振幅と繰り返し周期の正弦波信号を発生する回路である．発振回路は，増幅部と出力の一部を入力側に帰還する帰還部とよりなる．増幅部の利得を A，帰還部の帰還率を β_f とすると

$$A\cdot\beta_f\geq 1 \tag{4・37}$$

の関係式が満足されている場合には，出力に正弦波信号を生ずる．すなわち，式 (*4・37*) が発振条件（oscillation criterion）となる．

$A\cdot\beta_f$ は複素数であるので，式 (*4・37*) は $A\cdot\beta_f$ の虚数部が 0 であり，実数部が 1 より大きいか 1 に等しいという条件となる．すなわち

$$I_m(A\cdot\beta_f)=0 \tag{4・38}$$

$$R_e(A\cdot\beta_f)\geq 1 \tag{4・39}$$

式 (*4·38*) の条件より発振周波数が決定されるので，これを周波数条件と呼ぶ．また，式 (*4·39*) は振幅に対する条件であり，これを振幅条件と呼ぶ．両者を含めて発振条件という．

【例題 4・11】 図 4·12 は，*RC* 発振器の中で最も広く利用されているウィーンブリッジ発振器 (Wien bridge oscillator) である．この回路の発振条件を求めよ．

【解】 発振回路は，オペアンプによる非反転増幅器と *RC* 回路網の帰還回路とにより構成されている．出力端子が開放であり，またオペアンプが理想的であるとすると，増幅部の利得 A_v は次のようになる．

$$A_v = 1 + \frac{R_3}{R_4} \tag{4·40}$$

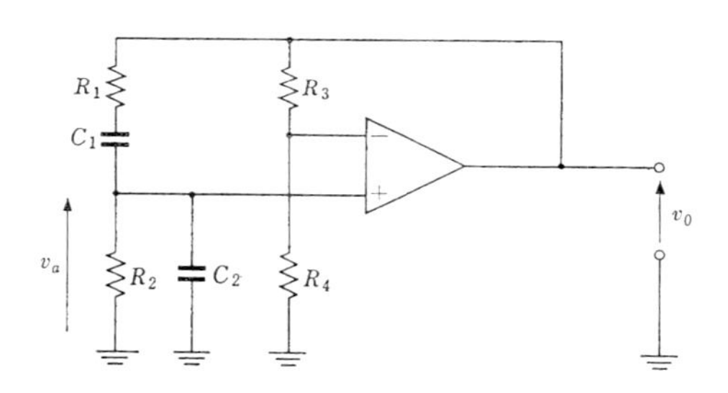

図 4・12　ウィーンブリッジ発振回路

次に，帰還回路の帰還率 β_f は

$$\beta_f = \frac{V_{a(s)}}{V_{0(s)}} = \frac{\dfrac{R_2(1/sC_2)}{R_2+(1/sC_2)}}{R_1+(1/sC_1)+\dfrac{R_2(1/sC_2)}{R_2+(1/sC_2)}}$$

$$= \frac{sC_1R_2}{(1+sC_1R_1)(1+sC_2R_2)+sC_1R_2} \tag{4·41}$$

となる．これらの結果より $A_v \times \beta_f$ を求め，s を $j\omega$ に置き換えて整理すると次のようになる．

$$A_v \cdot \beta_f = \left(1+\frac{R_3}{R_4}\right) \frac{j\omega C_1R_2}{(1-\omega^2C_1C_2R_1R_2)+j\omega(C_1R_1+C_2R_2+C_1R_2)} \tag{4·42}$$

したがって，式 (*4·38*) および式 (*4·39*) の発振条件より

$$1-\omega^2C_1C_2R_1R_2 = 0 \tag{4·43}$$

$$\left(1+\frac{R_3}{R_4}\right)\frac{C_1R_2}{C_1R_1+C_2R_2+C_1R_2}=1 \tag{4・44}$$

の関係が得られる．すなわち，周波数条件は

$$f=\frac{1}{2\pi\sqrt{C_1C_2R_1R_2}} \tag{4・45}$$

となり，また振幅条件は

$$\left(1+\frac{R_3}{R_4}\right)=\left(1+\frac{C_2}{C_1}+\frac{R_1}{R_2}\right) \tag{4・46}$$

となる．

もし，$R_1=R_2=R$ および $C_1=C_2=C$ にとるものとすると，発振条件は次のようになる．

$$f=\frac{1}{2\pi CR}$$

$$\frac{R_3}{R_4}=2$$

【例題 4・12】 図 4・13 は，移相形 RC 発振回路である．この回路の発振条件を求めよ．

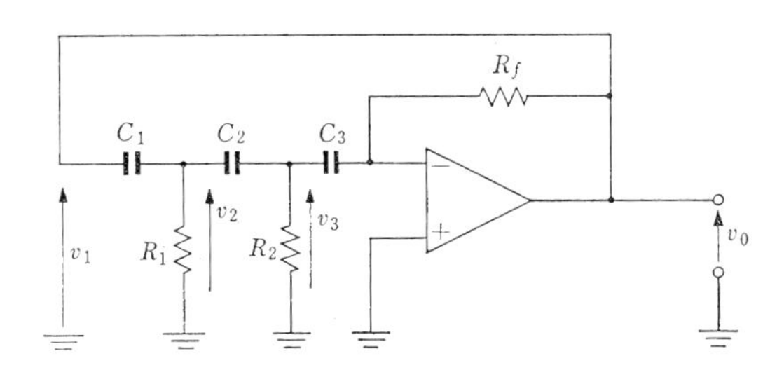

図 4・13　移相形 RC 発振回路

【解】 オペアンプの特性が理想的であるとし，回路の各部の電圧を図に示すようにとると，次の諸式が得られる．

$$j\omega C_1(v_1-v_2)=\frac{v_2}{R_1}+j\omega C_2(v_2-v_3) \tag{4・47}$$

$$j\omega C_2(v_2-v_3)=\left(\frac{1}{R_2}+j\omega C_3\right)v_3 \tag{4・48}$$

$$j\omega C_3v_3=-\frac{v_0}{R_f} \tag{4・49}$$

式（4・47）と式（4・48）を整理して書き直すと

$$j\omega C_1 v_1 = \left\{\frac{1}{R_1} + j\omega(C_1+C_2)\right\} v_2 - j\omega C_2 v_3 \tag{4・50}$$

$$j\omega C_2 v_2 = \left\{\frac{1}{R_2} + j\omega(C_2+C_3)\right\} v_3 \tag{4・51}$$

となる．式（$4 \cdot 50$）に式（$4 \cdot 49$）と式（$4 \cdot 51$）を代入すると，次式を得る．

$$j\omega C_1 v_1 = \left[\left\{\frac{1}{R_1} + j\omega(C_1+C_2)\right\}\frac{1}{j\omega C_2}\left\{\frac{1}{R_2} + j\omega(C_2+C_3)\right\} - j\omega C_2\right]\left(\frac{-v_0}{j\omega C_3 R_f}\right)$$

したがって，v_0/v_1 は

$$\frac{v_0}{v_1} = \frac{-j\omega C_1 j\omega C_2 j\omega C_3 R_f}{\left\{\frac{1}{R_1} + j\omega(C_1+C_2)\right\}\left\{\frac{1}{R_2} + j\omega(C_2+C_3)\right\} + \omega^2 C_2{}^2}$$

$$= \frac{j\omega^3 C_1 C_2 C_3 R_f R_1 R_2}{1 + j\omega\{R_1(C_1+C_2) + R_2(C_2+C_3)\} - \omega^2 R_1 R_2 (C_1C_2 + C_2C_3 + C_3C_1)} \tag{4・52}$$

となる．発振条件は式（$4 \cdot 37$）より

$$A \cdot \beta_f = \frac{v_0}{v_1} \geq 1$$

であるので，式（$4 \cdot 52$）より次のようになる．

$$1 + j\omega\{R_1(C_1+C_2) + R_2(C_2+C_3)\} - \omega^2 R_1 R_2 (C_1C_2 + C_2C_3 + C_3C_1)$$
$$- j\omega^3 C_1 C_2 C_3 R_f R_1 R_2 = 0 \tag{4・53}$$

この式より R_f を求めると

$$R_f = \frac{1 - \omega^2 R_1 R_2 (C_1C_2 + C_2C_3 + C_3C_1) + j\omega\{R_1(C_1+C_2) + R_2(C_2+C_3)\}}{j\omega^3 C_1 C_2 C_3 R_1 R_2}$$

$$= \frac{\omega\{R_1(C_1+C_2) + R_2(C_2+C_3)\} + j\{-1 + \omega^2 R_1 R_2 (C_1C_2 + C_2C_3 + C_3C_1)\}}{\omega^3 C_1 C_2 C_3 R_1 R_2} \tag{4・54}$$

となり，右辺の虚数項を零とおけば次のようになる．

$$\omega_0{}^2 = \frac{1}{R_1 R_2 (C_1C_2 + C_2C_3 + C_3C_1)}$$

すなわち

$$f_0 = \frac{1}{2\pi\sqrt{R_1 R_2 (C_1C_2 + C_2C_3 + C_3C_1)}} \tag{4・55}$$

また，振幅条件は

$$R_f = \frac{R_1(C_1+C_2) + R_2(C_2+C_3)}{\omega_0{}^2 C_1 C_2 C_3 R_1 R_2}$$

$$= \{R_1(C_1+C_2) + R_2(C_2+C_3)\}\left(\frac{1}{C_1} + \frac{1}{C_2} + \frac{1}{C_3}\right) \tag{4・56}$$

となる．もし，$R_1 = R_2 = R$ および $C_1 = C_2 = C_3 = C$ にとれば，発振条件は次のようになる．

$$\left.\begin{array}{l} f_0 = \dfrac{1}{2\pi\sqrt{3}RC} \\ R_f = 12R \end{array}\right\}$$

【例題 4・13】 図 4・14 は，2 相発振器（guadrature oscillator）の回路である．この回路の発振条件を求めよ．

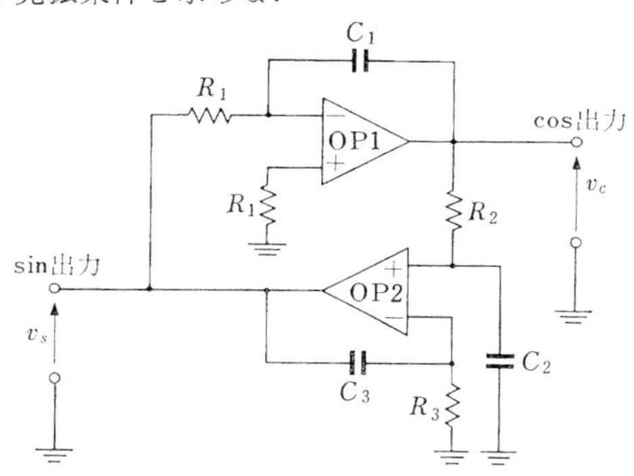

図 4・14 2 相 発 振 器

【解】 2 相発振器は，位相が 90° 異なる 2 つの正弦波信号を同時に出力する発振器である．基本回路は，反転積分器と移相回路を組み合わせて構成される．

図 4・14 のオペアンプ 1 で構成される回路が反転積分器であり，この回路で位相が 270° 遅れる．オペアンプ 2 で構成される回路は，90° の位相遅れを生じさせる非反転積分器である．

2 つのオペアンプが理想的であるとすると，オペアンプ 1 で構成される反転積分器の伝達関数は

$$\frac{v_c}{v_s} = -\frac{1}{sC_1R_1} \tag{4・57}$$

となる．また，オペアンプ 2 で構成される非反転積分器の伝達関数は

$$\frac{v_s}{v_c} = \frac{1+sC_3R_3}{(1+sC_2R_2)sC_3R_3} \tag{4・58}$$

となる．ループ利得 $A\times\beta_f$ は式（4・57）と式（4・58）の積であるので，したがって発振条件は s を $j\omega$ と書き換えて次のようになる．

$$\frac{1+j\omega C_3R_3}{\omega^2C_1R_1C_3R_3(1+j\omega C_2R_2)} = 1 \tag{4・59}$$

ここで，$C_3R_3 = C_2R_2$ にとると式（4・59）は

$$1 = \omega^2C_1R_1C_3R_3$$

となり，これが発振条件となる．すなわち

$$f = \frac{1}{2\pi\sqrt{C_1C_2R_1R_2}} \tag{4・60}$$

4・4　マルチバイブレータ

パルス波の発生，波形変換などにマルチバイブレータ (multivibrator) が広く使用されている．マルチバイブレータは，図 4・15 に示されるように 2 段の抵抗結合増幅回路に正帰還をかけたし張発振器である．結合インピーダンスの種類とトランジスタのバイアス条件によって，無安定，単安定および双安定動作をする．それぞれを，無安定マルチバイブレータ (astable multivibrator), 単安定マルチバイブレータ (monostable multivibrator) および双安定マルチバイブレータ (bistable multivibrator) と呼ぶ．これらをまとめて示すと，表 4・1 のようになる．

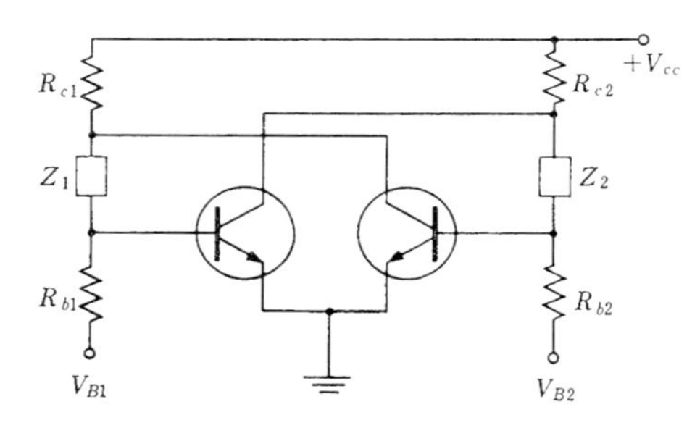

図 4・15　マルチバイブレータの構成

表 4・1　マルチバイブレータの分類

種　　類	安定状態の数	結合回路素子	バイアス条件
無安定マルチバイブレータ	0	Z_1, Z_2 とも C	順バイアス
単安定マルチバイブレータ	1	Z_1, Z_2 の一方が C，他方が R	逆バイアス（適当な値）
双安定マルチバイブレータ	2	Z_1, Z_2 とも R	逆バイアス

図 4・16 は無安定，単安定および双安定動作の説明図である．無安定回路には，安定状態がない．同図 (a) に示すように，入力を加えなくても回路によってきまる周期とパルス幅のパルスを出力する．単安定回路は，1 個の安定状態を有する．トリガパルスが入力されたときに状態を変化し，回路によってきま

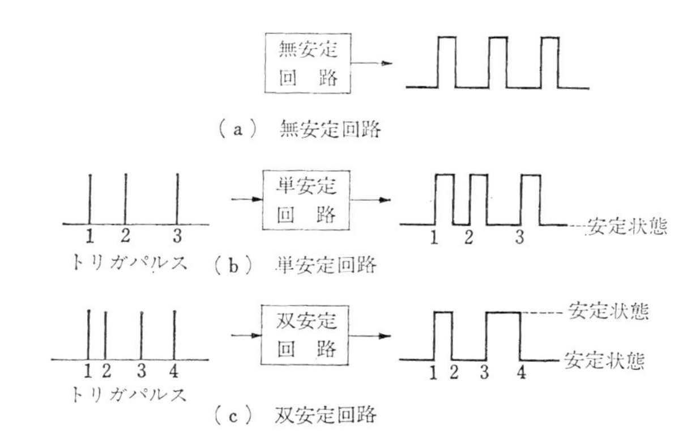

図 4・16 無安定・単安定および双安定回路の動作状態

る時間後再び元の安定状態に戻る．したがって，出力パルスの時間間隔はトリガパルスの時間間隔できめられ，図 4・16(b) のようになる．また，パルス幅は回路によってきまる．

双安定回路は，2 個の安定状態を有する．入力にトリガパルスが加えられるときにのみ 1 つの安定状態から他の安定状態へ変化し，トリガパルスが加えられないと安定状態をそのまま持続する．したがって，図 4・16(c) のように，出力パルスのパルス幅および時間間隔は，ともにトリガパルスによって決定される．

【例題 4・14】 図 4・17 は，オペアンプを用いた無安定マルチバイブレータである．オペアンプが理想的であるとして，出力パルスの周期を求めよ．

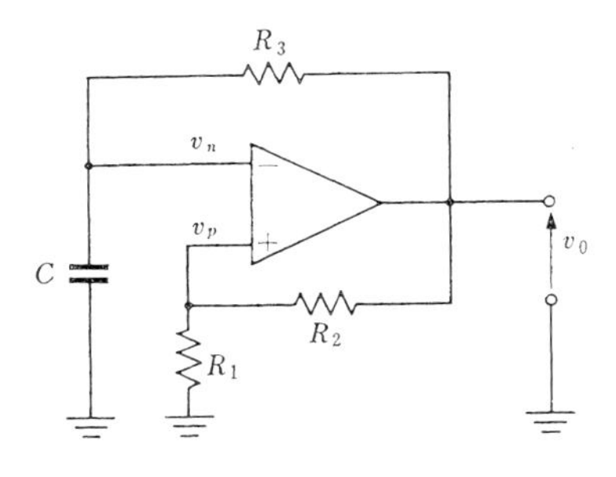

図 4・17 無安定マルチバイブレータ

【解】 オペアンプはコンパレータ (comparator: 比較器) として動作しており，出力電圧 v_0 は

$$v_0 = A_v(v_p - v_n) \tag{4・61}$$

となる．そして，$v_p > v_n$ のときには，v_0 は正の飽和出力電圧 $V_{0\max}^+$ となる．また，$v_p < v_n$ の場合には v_0 は負の飽和出力電圧 $V_{0\max}^-$ となり，$v_n = v_p$ の点で反転する．

いま，ある時点で $v_0 = V_{0\max}^+$ であるとし，図 4・18 のようにこの時間を零にとることにする．C は R_3 を通して充電され，その端子電圧 v_n は

$$R_3C\frac{dv_n}{dt} + v_n = V_{0\max}^+ \tag{4・62}$$

を解いて求められる．すなわち，

$$v_n = V_{0\max}^+ + Ke^{-t/R_3C} \tag{4・63}$$

$t = 0$ において $v_n = v_p$ であり，$v_p = \dfrac{R_1}{R_1+R_2}V_{0\max}^-$ であるので式 (4・63) より

$$K = \frac{R_1}{R_1+R_2}V_{0\max}^- - V_{0\max}^+ \tag{4・64}$$

となる．したがって，v_n は次の式で与えられる．

$$v_n = V_{0\max}^+ + \left(\frac{R_1}{R_1+R_2}V_{0\max}^- - V_{0\max}^+\right)e^{-t/R_3C} \tag{4・65}$$

この式で与えられる v_n の大きさが，

$$v_p = \frac{R_1}{R_1+R_2}V_{0\max}^+ \tag{4・66}$$

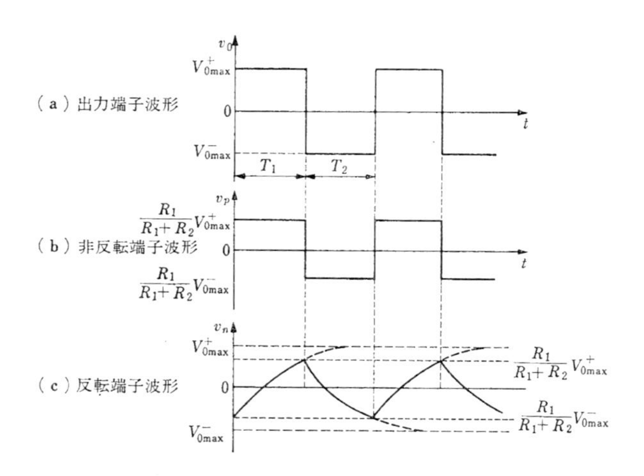

図 4・18　無安定マルチバイブレータの各部波形

の電圧の等しくなると反転が起こり，出力電圧は $V_{0\max}^-$ となる．この時間を T_1 とすると，T_1 は式 (*4・65*) と式 (*4・66*) とを等しいとおいて求められる．

$$V_{0\max}^+ + \left(\frac{R_1}{R_1+R_2}V_{0\max}^- - V_{0\max}^+\right)e^{-T_1/R_3C} = \frac{R_1}{R_1+R_2}V_{0\max}^+$$

これを解いて T_1 を求めると，次のようになる．

$$T_1 = R_3C\ln\frac{(R_1+R_2)V_{0\max}^+ - R_1V_{0\max}^-}{R_2V_{0\max}^+} \qquad (4\cdot67)$$

次に，$t > T_1$ になると C は放電し始め，その端子電圧 v_n は

$$R_3C\frac{dv_n}{dt} + v_n = V_{0\max}^- \qquad (4\cdot68)$$

を解いて求められる．すなわち，

$$v_n = V_{0\max}^- + K_2e^{-t/R_3C} \qquad (4\cdot69)$$

$t = T_1$ を時間の原点にとると，この点で $v_n = v_p$ であり，また

$$v_p = \frac{R_1}{R_1+R_2}V_{0\max}^+$$

であるので，K_2 は次のようになる．

$$K_2 = \frac{R_1}{R_1+R_2}V_{0\max}^+ - V_{0\max}^- \qquad (4\cdot70)$$

したがって，式 (*4・69*) は

$$v_n = V_{0\max}^- + \left(\frac{R_1}{R_1+R_2}V_{0\max}^+ - V_{0\max}^-\right)e^{-t'/R_3C} \qquad (4\cdot71)$$

となる．ここに t' は，$t = T_1$ を原点にとった時間軸である．

$t' = T_2$ すなわち $t = T_1 + T_2$ において

$$v_n = v_p = \frac{R_1}{R_1+R_2}V_{0\max}^- \qquad (4\cdot72)$$

であるので，式 (*4・71*) と式 (*4・72*) を等しいとおいて T_2 は次のようになる．

$$V_{0\max}^- + \left(\frac{R_1}{R_1+R_2}V_{0\max}^+ - V_{0\max}^-\right)e^{-T_2/R_3C} = \frac{R_1}{R_1+R_2}V_{0\max}^-$$

すなわち

$$T_2 = R_3C\ln\frac{(R_1+R_2)V_{0\max}^- - R_1V_{0\max}^+}{R_2V_{0\max}^-} \qquad (4\cdot73)$$

周期 T は $T = T_1 + T_2$ であるので，式 (*4・67*) と式 (*4・73*) から次式で与えられる．

$$T = R_3C\ln\frac{\{(R_1+R_2)V_{0\max}^+ - R_1V_{0\max}^-\}\{(R_1+R_2)V_{0\max}^- - R_1V_{0\max}^+\}}{R_2^2V_{0\max}^+V_{0\max}^-} \qquad (4\cdot74)$$

もし，$V_{0\max}^+ = -V_{0\max}^- = V_{0\max}$ であると，T_1 と T_2 は飽和電圧に無関係となる．

そして，式 (4·74) の周期は，次のようになる．

$$T = 2R_3C\ln\frac{2R_1+R_2}{R_2} \tag{4·75}$$

【例題 4・15】 図 4·19 は，オペアンプを用いた単安定マルチバイブレータである．オペアンプが理想的であるとして，出力パルスのパルス幅 T を求めよ．

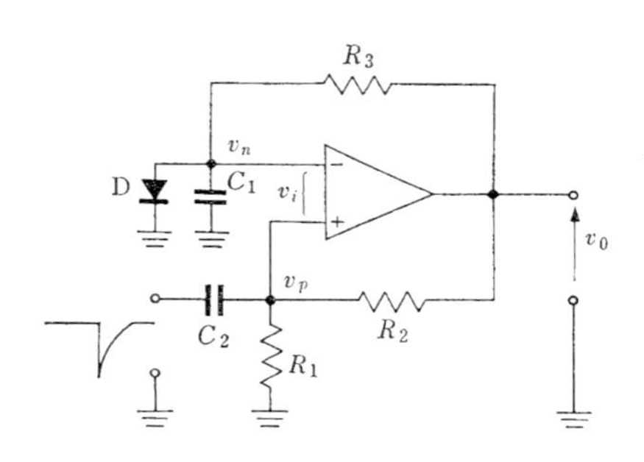

図 4・19 単安定マルチバイブレータ

【解】 図 4·19 の回路のオペアンプは，図 4·17 の回路と同様にコンパレータとして動作している．図 4·19 の回路が図 4·17 の回路と異なる点は，反転端子の C_1 にダイオード D が並列に接続されており，また非反転端子に C_2 を通してトリガパルスが加えられる点である．

いま，ある時点で出力電圧 v_0 が正の飽和電圧 $V^+_{0\max}$ にあったとする．このとき，非反転端子の電圧 v_p は

$$v_p = \frac{R_1}{R_1+R_2}V^+_{0\max} \tag{4·76}$$

となる．一方，反転端子の電圧 v_n は，ダイオード D に順方向電圧が加えられているので，ダイオードの順方向電圧 V_f となる．したがって，オペアンプの入力電圧 v_i は

$$\begin{aligned} v_i &= v_p - v_n \\ &= \frac{R_1}{R_1+R_2}V^+_{0\max} - V_f \end{aligned} \tag{4·77}$$

となる．そこで，R_1 と R_2 の値を適当に選べば $v_i > 0$ となり，つねに $v_0 = V^+_{0\max}$ の値を維持することになる．すなわち，安定状態とすることができる．

次に，C_2 端子に負のトリガパルスを加えると v_p が V_f より降下して v_i が負とな

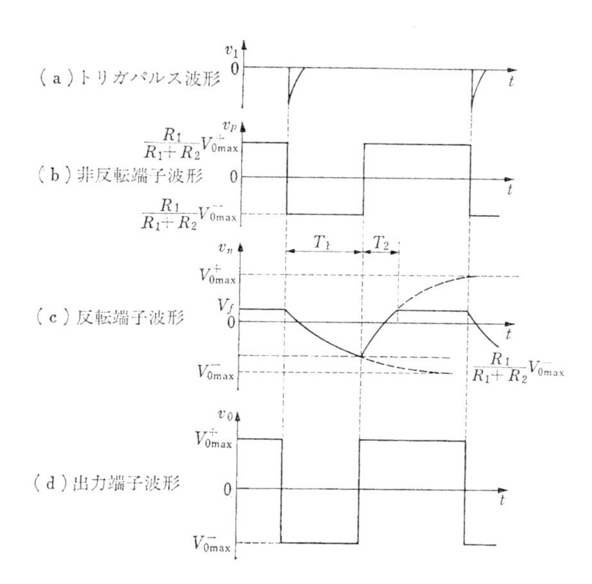

図 4・20 単安定マルチバイブレータの各部波形

り，v_0 は瞬間的に $V^-_{0\max}$ に反転する．そして，非反転端子の電圧 v_p は

$$v_p = \frac{R_1}{R_1+R_2}V^-_{0\max} \tag{4・78}$$

となる．また，反転端子の電圧 v_n は，R_3 を通して C_1 が充電されるので

$$R_3C_1\frac{dv_n}{dt}+v_n = V^-_{0\max} \tag{4・79}$$

を解いて得られる．すなわち，

$$v_n = V^-_{0\max}+K_1e^{-t/R_3C_1} \tag{4・80}$$

トリガパルスが加えられる時点を $t=0$ にとると，このとき $v_n=V_f$ であるので式 (4・80) より

$$K_1 = V_f-V^-_{0\max} \tag{4・81}$$

となる．したがって，式 (4・80) は

$$v_n = V^-_{0\max}+(V_f-V^-_{0\max})\,e^{-t/R_3C_1} \tag{4・82}$$

となり，v_n は V_f より $V^-_{0\max}$ に向って充電される．そして，v_p に等しくなったときに反転して，最初の状態に戻る．この模様が，図 4・20 に示されている．

パルス幅 T_1 は，式 (4・82) の充電電圧が式 (4・78) の電圧に等しくなった時間として求められる．すなわち

$$\frac{R_1}{R_1+R_2}V_{0\max}^{-} = V_{0\max}^{-} + (V_f - V_{0\max}^{-})\,e^{-T_1/R_3C_1} \qquad (4\cdot83)$$

とおいて，これより T_1 を求めると次のようになる．

$$T_1 = R_3C_1\ln\frac{(R_1+R_2)(V_{0\max}^{-}-V_f)}{R_2V_{0\max}^{-}} \qquad (4\cdot84)$$

もし，$V_{0\max}^{-} \gg V_f$ ならば，式 (4·84) は次のように近似される．

$$T_1 = R_3C_1\ln\frac{R_1+R_2}{R_2} \qquad (4\cdot85)$$

トリガパルスが入力されて T_1 だけ経過した後は，回路は安定状態に戻るので次のトリガパルスが加えられるまでその状態を持続する．安定状態へは瞬間的に戻るのではなく，ある時間を必要とする．その時間 T_2 は，次式で与えられる．

$$T_2 = R_3C_1\ln\frac{(R_1+R_2)V_{0\max}^{+}-R_1V_{0\max}^{-}}{(R_1+R_2)(V_{0\max}^{+}-V_f)} \qquad (4\cdot86)$$

練　習　問　題

1. 図4·1のダイオード対数増幅器において，ダイオードは $I_s = 10\,\mathrm{nA}$ であり，また $R_1 = 100\,\mathrm{k\Omega}$ である．入力電圧として，$V_1 = -1\,\mathrm{V}$ を加えたときの出力電圧 V_0 を求めよ．ただし，$T = 300\,^\circ\mathrm{K}$ とする．

2. 図4·2のトランジスタ対数増幅器において，入力電圧の最大値が $-10\,\mathrm{V}$ である．トランジスタの $I_{ES} = 40\,\mathrm{nA}$ であり，また $kT/q = 26\,\mathrm{mV}$ として，この回路を設計せよ．そして，$V_1 = -4\,\mathrm{V}$ の直流入力電圧が加えられた場合の出力電圧を求めよ．ただし，トランジスタは $I_E = 0.1\,\mathrm{mA}$ 以内ならば，V_{BE} 対 I_E 特性が対数的であると仮定する．

3. 図4·3の逆対数増幅器において，$R_f = 200\,\mathrm{k\Omega}$ であり，またダイオードの I_s は $I_s = 4\,\mathrm{nA}$ である．入力電圧が $V_1 = -0.1\,\mathrm{V}$ の場合の出力電圧を求めよ．ただし，$kT/q = 26\,\mathrm{mV}$ とする．

4. 図4·4のトランジスタ逆対数増幅器において，$R_f = 100\,\mathrm{k\Omega}$ であり，$V_1 = -0.1616\,\mathrm{V}$ の電圧が入力端子に加えられる．このときの出力電圧を求めよ．ただし，$I_{ES} = 40\,\mathrm{nA}$ および $kT/q = 26\,\mathrm{mV}$ とする．

5. 図4·9の定電圧回路において，$R_f = 100\,\mathrm{k\Omega}$ および $V_r = 5\,\mathrm{V}$ である．$V_I = 15\,\mathrm{V}$ として，R_1 の値を求めよ．

6. 図4·9の定電圧回路において，$R_1 = R_f = 10\,\mathrm{k\Omega}$ および $V_r = 5\,\mathrm{V}$ である．出力電圧を求めよ．

7. 図4·11の定電圧回路において，$V_Z = 5\,\mathrm{V}$，$I_z = 5\,\mathrm{mA}$ および $V_0 = 10\,\mathrm{V}$ である．R_D の値を計算せよ．

8. 図4・12の発振回路において，$C_1 = C_2 = 300$ pF である．$f = 1\,000$ Hz の発振周波数を得る回路を設計せよ．

9. 図4・13の発振回路において，$C_1 = 100$ pF，$C_2 = 200$ pF，$C_3 = 300$ pF，$R_1 = 10$ kΩ および $R_2 = 20$ kΩ である．この回路が発振するための R_f の値を求め，発振周波数を計算せよ．

10. 図4・17の無安定マルチバイブレータにおいて，$R_1 = R_2 = 15$ kΩ，$R_3 = 7$ kΩ および $C = 100$ pF である．$V_{0\,\mathrm{max}}^{+} = V_{0\,\mathrm{max}}^{-}$ として，出力パルスの周期およびパルス幅を求めよ．

11. 図4・19の単安定マルチバイブレータにおいて，$R_1 = R_2 = 15$ kΩ，$R_3 = 10$ kΩ，$C_1 = 100$ pF および $C_2 = 1\,000$ pF である．ダイオードの $V_f = 0$ として，パルス幅を求めよ．

12. 例題4・15の式（*4・86*）を誘導せよ．

アクティブフィルタ 5

5・1 フィルタの種類

フィルタ (filter) は必要とする周波数帯域の信号のみを通過させ，それ以外の帯域の信号を減衰させる回路である．通過させる周波数範囲を通過域 (pass band) といい，減衰させる周波数範囲を減衰域 (attenuation band) という．通過域の範囲によって，フィルタは次の 4 種類に分類される．

（1） 低域通過フィルタ (low pass filter: LPF)
（2） 高域通過フィルタ (high pass filter: HPF)
（3） 帯域通過フィルタ (band pass filter: BPF)
（4） 帯域除去フィルタ (band elimination filter: BEF)

フィルタの特性は，伝達関数 (transfer function) を用いて表される場合が多い．回路網の伝達関数は，一般に次の式で与えられる．

$$G(s)=\frac{N(s)}{D(s)}=\frac{a_l s^l+a_{l-1}s^{l-1}+\cdots+a_0}{b_k s^k+b_{k-1}s^{k-1}+\cdots+b_0} \quad (5 \cdot 1)$$

ここに，$N(s)$ は分子の多項式であり，また $D(s)$ は分母の多項式である．この $N(s)$ および $D(s)$ の s の次数によって，フィルタの種類がきめられる．

従来，フィルタ回路は，インダクタンスとキャパシタンスを用いて構成される LC フィルタが広く実用されてきた．しかしながら，近年 集積回路 (integrated circuit: IC) 化のためにトランジスタ，抵抗およびキャパシタンスという IC 化可能な素子あるいはオペアンプを用いてフィルタ特性を実現する研究が進み，実用化されてきている．このようなフィルタをアクティブフィルタ (active filter) という．

5・2　低域通過アクティブフィルタ

低域通過フィルタの周波数に対する伝達特性は，図5・1のようになる．直流からある周波数までは，一定の値となる．周波数が f_c 以上に増加すると，特性は低下する．ここで，f_c は特性が一定値より $1/\sqrt{2}=3\,\mathrm{dB}$ だけ減少する周波数である．これをしゃ断周波数（cut off frequency）という．

低域通過フィルタの伝達関数は，次式のようになる．

$$1\text{次伝達関数}\quad G(s)=\frac{H_0\omega_0}{s+\omega_0} \tag{5・2}$$

$$2\text{次伝達関数}\quad G(s)=\frac{H_0\omega_0^2}{s^2+\dfrac{\omega_0}{Q}s+\omega_0^2} \tag{5・3}$$

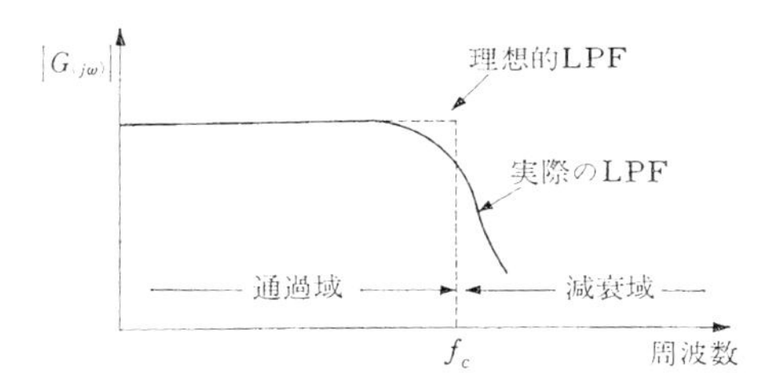

図 5・1　低域通過フィルタの伝達特性

【例題 5・1】　図 5・2 は，1次の低域通過アクティブフィルタである．この回路の伝達関数を誘導し，しゃ断周波数を求めよ．ただし，$R=10\,\mathrm{k\Omega}$ および $C=0.001\,\mu\mathrm{F}$ とする．

【解】　オペアンプは，理想的であるとする．オペアンプ回路はユニティゲイン増幅

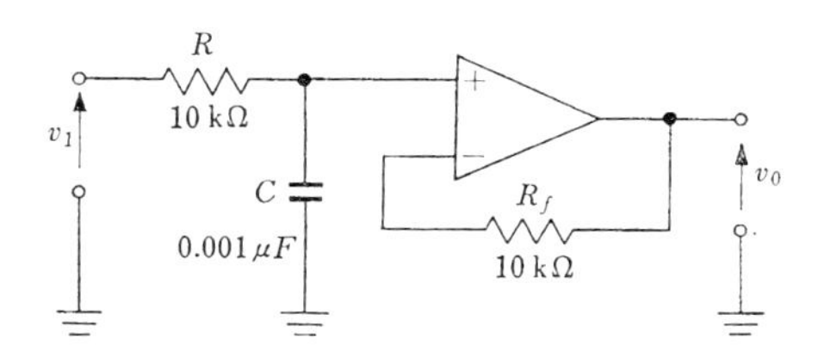

図 5・2　1次低域通過アクティブフィルタ

器を構成しているので，出力電圧 v_0 は次式で与えられる．

$$v_0=\left(\frac{v_1}{R+\dfrac{1}{j\omega C}}\right)\frac{1}{j\omega C}$$

したがって，伝達関数 $G(s)$ は

$$G(s)=\frac{v_0(s)}{v_1(s)}=\frac{1}{1+sCR}=\frac{\dfrac{1}{CR}}{s+\dfrac{1}{CR}} \tag{5・4}$$

となる．この式と式 (5･2) とを比較すると

$$H_0=1 \quad \text{および} \quad \omega_0=\frac{1}{CR} \tag{5・5}$$

を得る．式 (5･4) より

$$|G_{(j\omega)}|=\frac{1}{\sqrt{1+(\omega CR)^2}} \tag{5・6}$$

が得られ，周波数に対する特性は図 5･1 のようになる．しゃ断周波数 f_c は $|G|$ が $1/\sqrt{2}$ になる周波数であるので，式 (5･6) より

$$\omega_c CR=1$$

すなわち

$$f_c=\frac{\omega_c}{2\pi}=\frac{1}{2\pi CR} \tag{5・7}$$

で与えられる．f_c 以上では，特性は -20 dB/decade で減少する．

与えられた数値を式 (5･7) に代入して計算すると，f_c は次のようになる．

$$f_c=\frac{1}{2\pi\times 0.001\times 10^{-6}\times 10\times 10^3}=15.9\ \text{kHz}$$

【例題 5・2】 図 5･3 は，2次の低域通過アクティブフィルタである．この回路の伝達関数を求め，各素子の値を決定せよ．ただし，$Q=5.553$ および $\omega_0=1\,000$ rad/s であり，$C_2=0.1\ \mu$F にとるものとする．

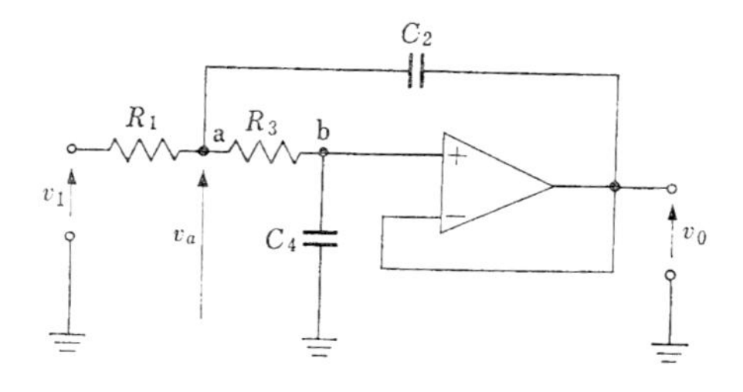

図 5・3　2次低域通過アクティブフィルタ

【解】 オペアンプは，理想的であるとする．オペアンプ回路はユニティゲイン増幅器として構成されているので，オペアンプの非反転端子における電位は v_0 となる．そこで，節点 a および b にキルヒホッフの電流則を適用して

$$\frac{v_1-v_a}{R_1}=\frac{v_a-v_0}{(1/j\omega C_2)}+\frac{v_a-v_0}{R_3} \tag{5・8}$$

$$\frac{v_a-v_0}{R_3}=\frac{v_0}{(1/j\omega C_4)} \tag{5・9}$$

を得る．式 (5・8) を v_1 について解き，整理すると

$$v_1=R_1\left\{\left(\frac{1}{R_1}+j\omega C_2+\frac{1}{R_3}\right)v_a-\left(j\omega C_2+\frac{1}{R_3}\right)v_0\right\} \tag{5・10}$$

となる．式 (5・9) を v_a について解くと

$$v_a=(1+j\omega C_4R_3)v_0$$

となるので，これを式 (5・10) に代入する．

$$\begin{aligned}v_1&=R_1\left\{\left(\frac{1}{R_1}+j\omega C_2+\frac{1}{R_3}\right)(1+j\omega C_4R_3)-\left(j\omega C_2+\frac{1}{R_3}\right)\right\}v_0\\&=R_1\left\{\frac{1}{R_1}(1+j\omega C_4R_3)+\left(j\omega C_2+\frac{1}{R_3}\right)j\omega C_4R_3\right\}v_0\\&=\{1+j\omega(R_3C_4+R_1C_4)+j\omega R_1C_2j\omega C_4R_3\}v_0\end{aligned}$$

ゆえに，伝達関数は，次式で与えられる．

$$\begin{aligned}G(s)=\frac{v_0(s)}{v_1(s)}&=\frac{1}{s^2R_1R_3C_2C_4+s(R_1+R_3)C_4+1}\\&=\frac{\dfrac{1}{R_1R_3C_2C_4}}{s^2+s\left(\dfrac{1}{R_3C_2}+\dfrac{1}{R_1C_2}\right)+\dfrac{1}{R_1R_3C_2C_4}}\end{aligned} \tag{5・11}$$

式 (5・3) と式(5・11) を比較して

$$\left.\begin{aligned}&H_0=1\\&\omega_0=\frac{1}{\sqrt{R_1R_3C_2C_4}}\\&\frac{1}{Q}=\sqrt{\frac{R_3C_4}{R_1C_2}}+\sqrt{\frac{R_1C_4}{R_3C_2}}\end{aligned}\right\} \tag{5・12}$$

となる．

ここで，次式で与えられる抵抗比 n およびキャパシタンス比 m を考えることにする．

$$n=\frac{R_3}{R_1}\quad\text{および}\quad m=\frac{C_4}{C_2} \tag{5・13}$$

すると，式 (5・12) の ω_0 と Q_0 は

$$\omega_0=\frac{1}{\sqrt{mn}\,R_1C_2} \tag{5・14}$$

および

$$\frac{1}{Q}=(n+1)\sqrt{\frac{m}{n}} \tag{5・15}$$

となる．式 (5・15) を n について解くと

$$n=\left(\frac{1}{2mQ^2}-1\right)\pm\frac{1}{2m}\frac{1}{Q^2}\sqrt{1-4mQ^2} \tag{5・16}$$

となるので，m の値は

$$m\leq\frac{1}{4Q^2} \tag{5・17}$$

を満足しなければならない．

与えられた Q の値を式 (5・17) に代入すると

$$m\leq 0.0081$$

となる．そこで，$m=0.001$ にとると，式 (5・16) より

$$n=0.0329 \quad \text{および} \quad 30.397$$

が得られる．

$n=30.397$ にとると，$\omega_0=1\,000\,\text{rad/s}$ であるので式 (5・14) より R_1C_2 の値は

$$R_1C_2=\frac{1}{\sqrt{mn}\,\omega_0}=\frac{1}{\sqrt{0.001\times30.397\times1\,000}}=57.47\times10^{-4}$$

となる．$C_2=0.1\,\mu\text{F}$ に選んでいるので

$$R_1=57.47\,\text{k}\Omega$$

となる．また，C_4 と R_3 は，次のように求められる．

$$C_4=mC_2=0.001\times0.1\,\mu\text{F}=100\,\text{pF}$$

$$R_3=nR_1=30.397\times57.47\,\text{k}\Omega=1\,746.9\,\text{k}\Omega$$

【例題 5・3】 図 5・4 は，2次の低域通過アクティブフィルタである．この回路の伝達関数を求め，各素子の値を決定せよ．ただし，$f_0=100\,\text{Hz}$, $|H_0|=1$ および $Q=0.7071$ であり，$C_5=0.1\,\mu\text{F}$ にとるものとする．

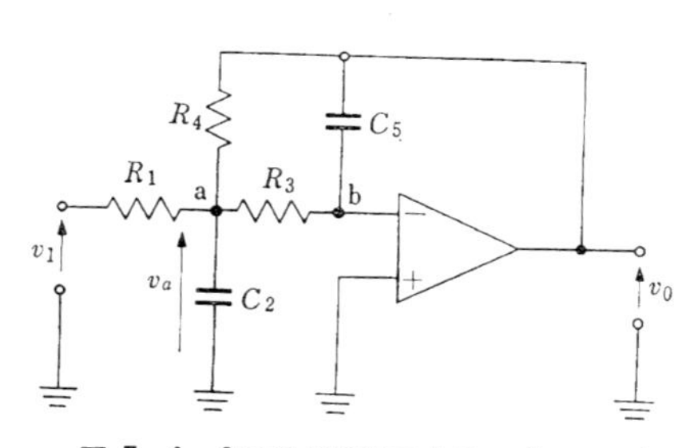

図 5・4　2次低域通過アクティブフィルタ

【解】 オペアンプは，理想的であると仮定する．各部の電圧を図に示すようにより，節点 a および b にキルヒホッフの電流則を適用すると，次の式が得られる．

$$\frac{v_1-v_a}{R_1}=\frac{v_a}{\dfrac{1}{j\omega C_2}}+\frac{v_a}{R_3}+\frac{v_a-v_0}{R_4} \tag{5・18}$$

$$\frac{v_a}{R_3}=-\frac{v_0}{\dfrac{1}{j\omega C_5}} \tag{5・19}$$

式 (5・18) を整理すると

$$\frac{v_1}{R_1}=\left(\frac{1}{R_1}+\frac{1}{R_3}+j\omega C_2+\frac{1}{R_4}\right)v_a-\frac{v_0}{R_4} \tag{5・20}$$

となる．また，式 (5・19) は

$$v_a=-j\omega R_3C_5v_0$$

となるので，これを式 (5・20) に代入する．

$$\frac{v_1}{R_1}=\left\{-j\omega R_3C_5\left(\frac{1}{R_1}+\frac{1}{R_3}+\frac{1}{R_4}+j\omega C_2\right)-\frac{1}{R_4}\right\}v_0$$

したがって，伝達関数は次のようになる．

$$G(s)=\frac{v_0(s)}{v_1(s)}=-\frac{1}{R_1\left\{\dfrac{1}{R_4}+sR_3C_5\left(\dfrac{1}{R_1}+\dfrac{1}{R_3}+\dfrac{1}{R_4}+sC_2\right)\right\}}$$

$$=-\frac{1}{R_1R_3C_2C_5s^2+R_1R_3C_5\left(\dfrac{1}{R_1}+\dfrac{1}{R_3}+\dfrac{1}{R_4}\right)s+\dfrac{R_1}{R_4}}$$

$$=-\frac{\dfrac{1}{R_1R_3C_2C_5}}{s^2+\dfrac{1}{C_2}\left(\dfrac{1}{R_1}+\dfrac{1}{R_3}+\dfrac{1}{R_4}\right)s+\dfrac{1}{R_3R_4C_2C_5}} \tag{5・21}$$

式 (5・21) は，s について式 (5・3) と同じ形となる．したがって，図 5・4 の回路は，LPF となる．両式を比較して $|H_0|$, ω および Q を求めると，次のようになる．

$$\omega_0=\frac{1}{\sqrt{R_3R_4C_2C_5}} \tag{5・22}$$

$$\frac{1}{Q}=\sqrt{\frac{C_5}{C_2}}\left(\frac{\sqrt{R_3R_4}}{R_1}+\sqrt{\frac{R_4}{R_3}}+\sqrt{\frac{R_3}{R_4}}\right) \tag{5・23}$$

$$|H_0|=\frac{R_4}{R_1} \tag{5・24}$$

回路を決定するためには，R_1, R_3, R_4, C_2 および C_5 の値を求めなければならない．ところが，ω_0, Q および $|H_0|$ の値は与えられるが未知数が5個であって，一義的に決定することはできない．そこで，設計においては C_5 として適当な値を与える．

ここで，$C_5=0.1\,\mu\text{F}$ にとることにする．さらに，

$$\frac{C_2}{C_5} = m \tag{5・25}$$

とおいて，式 (5・22)，(5・23) および式 (5・24) を書き直すと次のようになる.

$$\left.\begin{aligned}
C_2 &= mC_5 \\
R_4 &= \frac{1}{2\omega_0 C_5 Q}\left\{1 \pm \sqrt{1-\frac{4}{m}Q^2(1+|H_0|)}\right\} \\
R_1 &= \frac{R_4}{|H_0|} \\
R_3 &= \frac{1}{\omega_0{}^2 C_5{}^2 R_4 m}
\end{aligned}\right\} \tag{5・26}$$

R_4 は正でなければならないので，式 (5・26) の R_4 の式より，m は次の条件を満足するように選ばなければならない.

$$m \geq 4Q^2(1+|H_0|) \tag{5・27}$$

与えられた Q と $|H_0|$ の値を式 (5・27) に代入して m を求めると

$$m \geq 4$$

となる．そこで，$m = 5$ にとり，与えられた数値を式(5・26) に代入して計算すると，各回路定数は次のようになる.

$$C_2 = 5\times 0.1 = 0.5\,\mu\text{F}$$
$$R_1 = R_4 = 16.3\,\text{k}\Omega$$
$$R_3 = 3.11\,\text{k}\Omega$$

5・3　高域通過アクティブフィルタ

高域通過フィルタの周波数に対する伝達特性は，図 5・5 のようになる．しゃ断周波数 f_c より高い周波数範囲においては特性は一定であり，出力電圧の大きさは一定となる．この一定値より $1/\sqrt{2} = 3\,\text{dB}$ だけ減少する周波数が，しゃ断周波数と呼ばれる．f_c より低い周波数においては，出力電圧は減衰する.

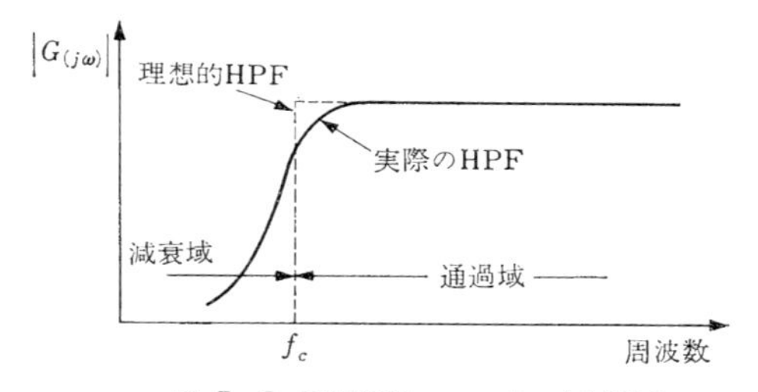

図 5・5　高域通過フィルタの伝達特性

高域通過フィルタの伝達関数は，次式で与えられる．

$$1\text{次伝達関数}\quad G(s)=\frac{H_0 s}{s+\omega_0} \tag{5・28}$$

$$2\text{次伝達関数}\quad G(s)=\frac{H_0 s^2}{s^2+\dfrac{\omega_0}{Q}s+\omega_0{}^2} \tag{5・29}$$

ここで，H_0, ω_0 および Q は定数である．$\omega_0/2\pi=f_c$ が，しゃ断周波数である．

【例題 5・4】 図 5•6 は，1次の高域通過アクティブフィルタである．この回路の伝達関数を誘導し，しゃ断周波数を求めよ．ただし，$R=20\,\mathrm{k\Omega}$ および $C=0.01\,\mu\mathrm{F}$ とする．

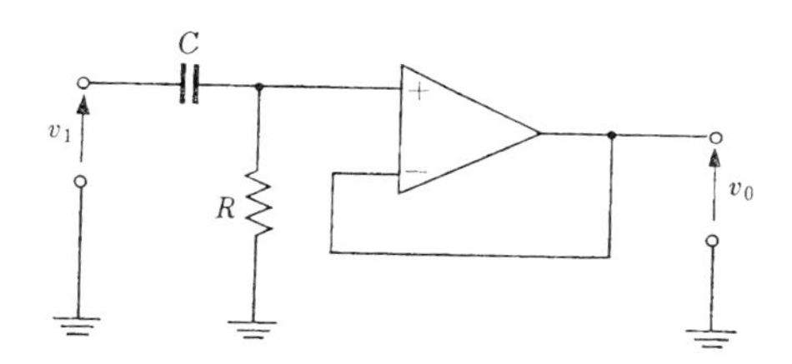

図 5・6　1次高域通過アクティブフィルタ

【解】 オペアンプは理想的であるとする．オペアンプ回路はユニティゲイン増幅器であるので，出力電圧 v_0 は次式で与えられる．

$$v_0=\frac{v_1}{R+\dfrac{1}{sC}}R \tag{5・30}$$

したがって，伝達関数 $G(s)$ は

$$G(s)=\frac{v_0(s)}{v_1(s)}=\frac{1}{1+\dfrac{1}{sRC}}=\frac{s}{s+\dfrac{1}{RC}} \tag{5・31}$$

となる．式 (5・28) と式 (5・31) とを比較して

$$H_0=1$$

および

$$\omega_0=\frac{1}{RC}$$

を得る．また，式 (5・31) より

$$|G(j\omega)| = \frac{1}{\sqrt{1+\left(\frac{1}{\omega RC}\right)^2}} \quad (5\cdot 32)$$

が得られ，周波数に対する特性は図 5·5 のようになる．したがって

$$f_c = \frac{1}{2\pi RC} \quad (5\cdot 33)$$

の周波数で伝達関数の大きさは，$1/\sqrt{2}$ となる．すなわち，しゃ断周波数は，式(5·33)の f_c で与えられる．f_c 以下の周波数範囲では，特性が 20 dB/decade の傾斜で減少する．

与えられた数値を式(5·33)に代入して計算すると，しゃ断周波数は

$$f_c = \frac{1}{2\pi RC} = \frac{1}{2\pi \times 20\times 10^3 \times 0.01\times 10^{-6}} = 795.8\,\mathrm{kHz}$$

となる．

【例題 5・5】 図 5·7 は，2次の高域通過アクティブフィルタである．この回路の伝達関数を求め，各素子の値を決定せよ．ただし，$Q = 5.553$ および $\omega_0 = 10^4$ rad/s であり，また $C_1 = 0.01\,\mu\mathrm{F}$ にとるものとする．

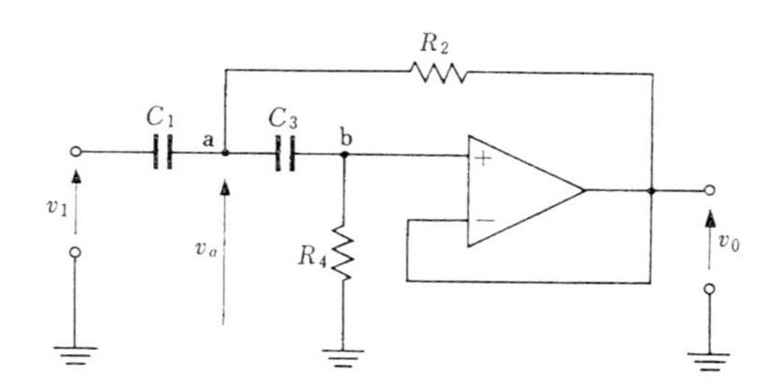

図 5・7　2次高域通過アクティブフィルタ

【解】 オペアンプは，理想的であると仮定する．オペアンプ回路はユニティゲイン増幅器を構成しているので，節点 a および b における節点方程式は次のようになる．

$$\frac{v_1 - v_a}{(1/j\omega C_1)} = \frac{v_a - v_0}{(1/j\omega C_3)} + \frac{v_a - v_0}{R_2} \quad (5\cdot 34)$$

$$\frac{v_a - v_0}{(1/j\omega C_3)} = \frac{v_0}{R_4} \quad (5\cdot 35)$$

この両式を解いて伝達関数を求めると

$$G(s)=\frac{v_0(s)}{v_1(s)}=\frac{R_2R_4C_1C_3s^2}{R_2R_4C_1C_3s^2+R_2(C_1+C_3)s+1}$$

$$=\frac{s^2}{s^2+\left(\dfrac{1}{R_4C_3}+\dfrac{1}{R_4C_1}\right)s+\dfrac{1}{R_2R_4C_1C_3}} \qquad (5\cdot36)$$

となる．式 (*5・29*) と式 (*5・36*) とを比較して

$$\left.\begin{aligned}
&H_0=1\\
&\omega_0=\frac{1}{\sqrt{R_2R_4C_1C_3}}\\
&\text{および}\\
&\frac{\omega_0}{Q}=\frac{1}{R_4C_3}+\frac{1}{R_4C_1}\\
&\text{すなわち}\\
&\frac{1}{Q}=\sqrt{\frac{R_2C_1}{R_4C_3}}+\sqrt{\frac{R_2C_3}{R_4C_1}}
\end{aligned}\right\} \qquad (5\cdot37)$$

を得る．ここで，

$$m=\frac{C_3}{C_1}\quad\text{および}\quad n=\frac{R_4}{R_2} \qquad (5\cdot38)$$

とおくと，式 (*5・37*) の ω_0 と Q は

$$\omega_0=\frac{1}{\sqrt{mn}\,R_2C_1}\quad\text{および}\quad\frac{1}{Q}=\frac{m+1}{\sqrt{mn}} \qquad (5\cdot39)$$

となる．さらに，$m=1$ にとると

$$\left.\begin{aligned}
&\omega_0=\frac{1}{\sqrt{n}\,R_2C_1}\\
&Q=\frac{\sqrt{n}}{2}
\end{aligned}\right\} \qquad (5\cdot40)$$

となるので，この両式に与えられた値を代入して

$$n=4Q^2=4\times5.553^2=123.34$$

および

$$R_2C_1=\frac{1}{\sqrt{n}\,\omega_0}=\frac{1}{\sqrt{123.34}\times10^4}=0.09\times10^{-4}$$

を得る．$C_1=0.01\,\mu\text{F}$ であるので，R_2, R_4 および C_3 は次のようになる．

$$R_2=\frac{0.09\times10^{-4}}{C_1}=\frac{0.09\times10^{-4}}{0.01\times10^{-6}}=900\ \Omega$$

$$R_4=nR_2=123.34\times900=111\ \text{k}\Omega$$

$$C_3=mC_1=1\times0.01=0.01\ \mu\text{F}$$

【例題 5・6】 図 5・8 は，2 次の高域通過アクティブフィルタである．この回路の伝達関数を求め，各素子の値を決定せよ．ただし，$Q=0.707$, $f_0=\omega_0/2\pi=100\ \text{Hz}$ および $|H_0|=1$ であり，$C_1=C_3=0.1\,\mu\text{F}$ にとるものとする．

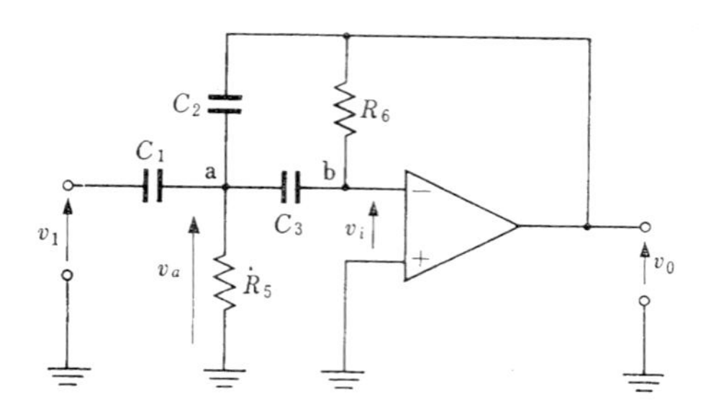

図 5・8　2次高域通過アクティブフィルタ

【解】 オペアンプは，理想的であると仮定する．各部の電圧を図に示すようにとり，節点 a および b にキルヒホッフの電流則を適用すると，次式が得られる．

$$\frac{v_1-v_a}{(1/j\omega C_1)}=\frac{v_a}{R_5}+\frac{v_a}{(1/j\omega C_3)}+\frac{v_a-v_0}{(1/j\omega C_2)} \tag{5・41}$$

$$\frac{v_a}{(1/j\omega C_3)}=-\frac{v_0}{R_6} \tag{5・42}$$

この両式より v_a を消去して，伝達関数を求めると

$$G(s)=\frac{v_0(s)}{v_1(s)}=-\frac{s^2C_1C_3}{s^2C_2C_3+s\left(\dfrac{C_1}{R_6}+\dfrac{C_2}{R_6}+\dfrac{C_3}{R_6}\right)+\dfrac{1}{R_5R_6}}$$

$$=-\frac{s^2\dfrac{C_1}{C_2}}{s^2+s\dfrac{1}{R_6}\left(\dfrac{C_1}{C_2C_3}+\dfrac{1}{C_2}+\dfrac{1}{C_3}\right)+\dfrac{1}{R_5R_6C_2C_3}} \tag{5・43}$$

となる．式(5・29)と式(5・43)とを比較すると，ω_0, Q および H_0 は次のようになる．

$$\left.\begin{aligned}\omega_0&=\frac{1}{\sqrt{R_5R_6C_2C_3}}\\ \frac{1}{Q}&=\sqrt{\frac{R_5}{R_6}}\left(\frac{C_1}{\sqrt{C_2C_3}}+\sqrt{\frac{C_3}{C_2}}+\sqrt{\frac{C_2}{C_3}}\right)\\ H_0&=\frac{C_1}{C_2}\end{aligned}\right\} \tag{5・44}$$

ここで，$C_1=C_3=C$ にとり，その値が与えられるものとすると，式(5・44)より R_5, R_6 および C_2 は

$$\left.\begin{aligned}R_5&=\frac{H_0}{\omega_0QC(2H_0+1)}\\ R_6&=\frac{(2H_0+1)Q}{\omega_0C}\\ C_2&=\frac{C}{H_0}\end{aligned}\right\} \tag{5・45}$$

で求められる.

式 (*5・45*) に与えられた数値を代入して計算すると

$$R_5=\frac{1}{2\pi\times100\times0.707\times0.1\times10^{-6}\times(2\times1+1)}=7.504\,\mathrm{k\Omega}$$

$$R_6=\frac{(2\times1+1)\times0.707}{2\pi\times100\times0.1\times10^{-6}}=33.757\,\mathrm{k\Omega}$$

および

$$C_2=\frac{0.1\times10^{-6}}{1}=0.1\,\mu\mathrm{F}$$

が求められる.

5・4 帯域通過アクティブフィルタおよび帯域除去アクティブフィルタ

帯域通過アクティブフィルタは，ある周波数帯域の信号のみを通過させ，その他のすべての周波数の信号を減衰させる回路である．また，帯域除去アクティブフィルタは，ある周波数帯域の信号のみを阻止し，その他のすべての周波数の信号を通過させる回路である．図 5・9 および図 5・10 に，それぞれのフィルタの伝達関数の周波数特性が示されている.

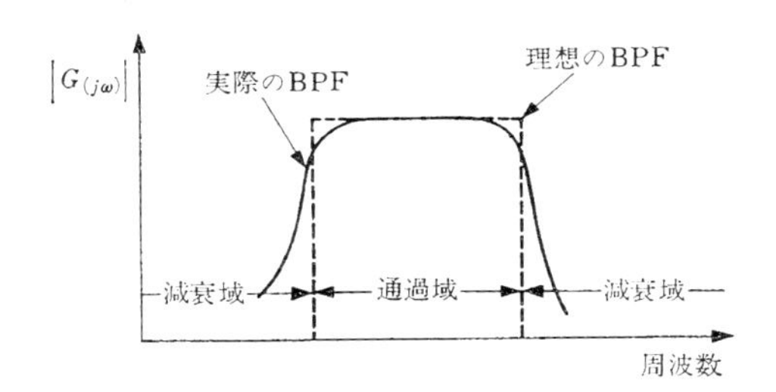

図 5・9 帯域通過フィルタの伝達特性

帯域通過フィルタの伝達関数は，1次関数ではなく，次の2次関数で表される.

$$G(s)=\frac{H_0\left(\dfrac{\omega_0}{Q}\right)s}{s^2+\left(\dfrac{\omega_0}{Q}\right)s+\omega_0{}^2} \tag{5・46}$$

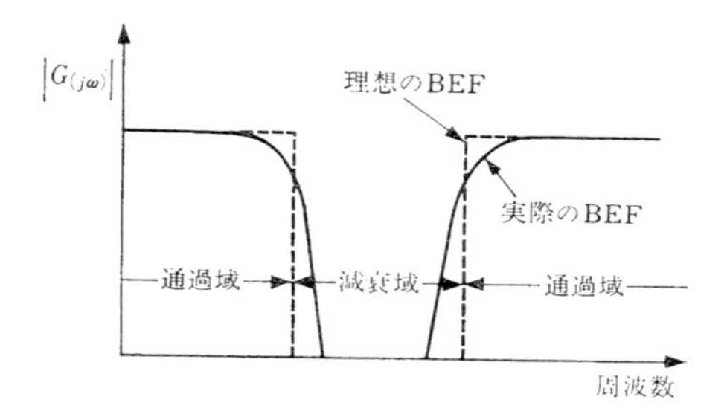

図 5・10　帯域除去フィルタの伝達特性

また，帯域除去フィルタの伝達関数は

$$G(s)=\frac{H_0(s^2+\omega_0{}^2)}{s^2+\left(\dfrac{\omega_0}{Q}\right)s+\omega_0{}^2} \tag{5・47}$$

で表される．

【例題 5・7】 図 5・11 は，帯域通過アクティブフィルタである．この回路の伝達関数を求め，各素子の値を決定せよ．ただし，$Q=10$ および $\omega_0=10^4$ rad/s であり，$C_3=C_5=C=0.1\,\mu\text{F}$ および $R_1=R_2=R_4=R$ にとるものとする．

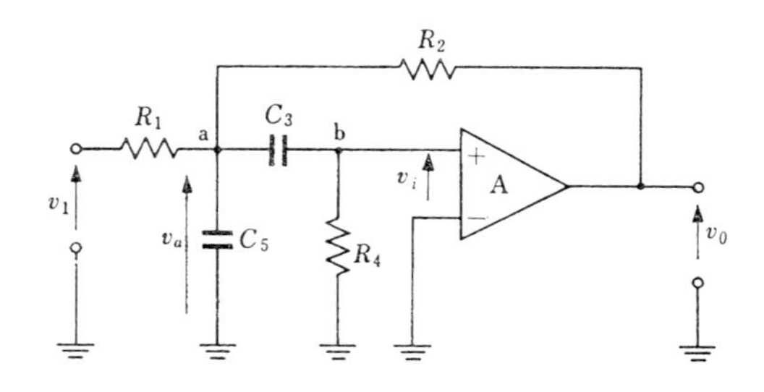

図 5・11　帯域通過アクティブフィルタ

【解】 オペアンプは，理想的であるとする．各部の電圧を図に示すようにとり，節点 a および b にキルヒホッフの電流則を適用すると，次式が得られる．

$$\frac{v_1-v_a}{R_1}=\frac{v_a}{(1/j\omega C_5)}+\frac{v_a-v_i}{(1/j\omega C_3)}+\frac{v_a-v_0}{R_2} \tag{5・48}$$

$$\frac{v_a-v_i}{(1/j\omega C_3)}=\frac{v_i}{R_4} \tag{5・49}$$

$$v_0 = Av_i \qquad (5\cdot50)$$

式 (5·50) を式 (5·49) に代入して整理すると

$$v_a = \left(1 + \frac{1}{j\omega R_4 C_3}\right)\frac{1}{A}v_0 \qquad (5\cdot51)$$

となる．また，式 (5·48) を書き直すと

$$\frac{v_1}{R_1} = \left(\frac{1}{R_1} + \frac{1}{R_2} + j\omega C_3 + j\omega C_5\right)v_a - j\omega C_3 v_i - \frac{1}{R_2}v_0$$

となり，この式に式 (5·50) と式 (5·51) を代入して

$$\frac{v_1}{R_1} = \left\{\left(\frac{1}{R_1} + \frac{1}{R_2}\right) + j\omega(C_3 + C_5)\right\}\left(1 + \frac{1}{j\omega R_4 C_3}\right)\frac{1}{A}v_0 - j\omega C_3\frac{1}{A}v_0 - \frac{1}{R_2}v_0$$

$$= \frac{j\omega C_3 j\omega C_5 R_4 + j\omega\left\{\frac{R_4 C_3}{R_1} + \frac{R_4 C_3}{R_2} - \frac{R_4 C_3 A}{R_2} + C_3 + C_5\right\} + \left(\frac{1}{R_1} + \frac{1}{R_2}\right)}{j\omega R_4 C_3 A}v_0$$

を得る．したがって，伝達関数は次式で与えられる．

$$G(s) = \frac{v_0(s)}{v_1(s)} = \frac{\frac{A}{R_1 C_5}s}{s^2 + s\left(\frac{1}{R_1 C_5} + \frac{1}{R_2 C_5} + \frac{1}{R_4 C_5} + \frac{1}{R_4 C_3} - \frac{A}{R_2 C_5}\right) + \frac{1}{R_4 C_3 C_5}\left(\frac{1}{R_1} + \frac{1}{R_2}\right)} \qquad (5\cdot52)$$

式 (5·46) と式 (5·52) とを比較すると，ω_0, Q および H_0 は

$$\omega_0 = \sqrt{\frac{1 + \frac{R_1}{R_2}}{R_1 R_4 C_3 C_5}} \qquad (5\cdot53)$$

$$\frac{1}{Q} = \frac{\left\{1 + \left(\frac{R_1}{R_2}\right)(1 - A)\right\}\sqrt{\frac{R_4 C_3}{R_1 C_5}} + \sqrt{\frac{R_1 C_3}{R_4 C_5}} + \sqrt{\frac{R_1 C_5}{R_4 C_3}}}{\sqrt{1 + \frac{R_1}{R_2}}} \qquad (5\cdot54)$$

$$H_0 = \frac{\frac{A}{R_1 C_5}}{\frac{1}{R_1 C_5} + \frac{1}{R_2 C_5} + \frac{1}{R_4 C_5} + \frac{1}{R_4 C_3} - \frac{A}{R_2 C_5}} \qquad (5\cdot55)$$

となる．ここで，$R_1 = R_2 = R_4 = R$ および $C_3 = C_5 = C$ にとると，式 (5·53)，式 (5·54) および 式(5·55) は次のようになる．

$$\left.\begin{aligned} \omega_0 &= \frac{\sqrt{2}}{RC} \\ Q &= \frac{\sqrt{2}}{4 - A} \\ H_0 &= \frac{A}{4 - A} \end{aligned}\right\} \qquad (5\cdot56)$$

これを RC および A について解くと

$$RC = \frac{\sqrt{2}}{\omega_0} \tag{5・57}$$

$$A = 4 - \frac{\sqrt{2}}{Q} \tag{5・58}$$

となる．A が正であるためには，$Q > \sqrt{2}/4$ でなければならない．

与えられた ω_0 および Q の値を，式(5・57)および式(5・58)に代入して計算すると

$$RC = \frac{\sqrt{2}}{10^4} = \sqrt{2} \times 10^{-4}\ \mathrm{s}$$

$$A = 4 - \frac{\sqrt{2}}{10} = 3.8586$$

となり，さらに式(5・56)の H_0 の式より

$$H_0 = \frac{3.8586}{4 - 3.8586} = 27.289$$

を得る．$C = 0.1\,\mu\mathrm{F}$ に与えられているので，抵抗の値は次のようになる．

$$R_1 = R_2 = R_4 = R = \frac{\sqrt{2} \times 10^{-4}}{0.1 \times 10^{-6}} = 1.414\ \mathrm{k\Omega}$$

【例題 5・8】 図 5・12 は，帯域通過アクティブフィルタである．この回路の伝達関数を求め，各素子の値を決定せよ．ただし，$H_0 = 2$, $Q = 2$ および $\omega_0 = 10^4\ \mathrm{rad/s}$ であり，$C_2 = C_3 = 0.01\,\mu\mathrm{F}$ にとるものとする．

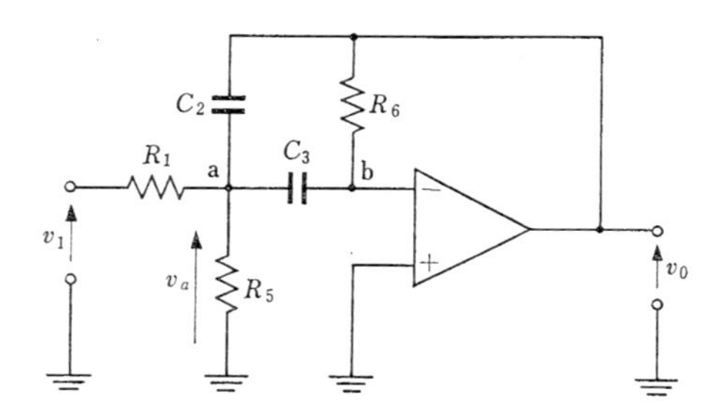

図 5・12　帯域通過アクティブフィルタ

【解】 オペアンプは，理想的であると仮定する．各部の電圧を図に示すようにとり，節点 a および b にキルヒホッフの電流則を適用すると，次式が得られる．

$$\frac{v_1 - v_a}{R_1} = \frac{v_a}{R_5} + \frac{v_a}{(1/j\omega C_3)} + \frac{v_a - v_0}{(1/j\omega C_2)} \tag{5・59}$$

$$\frac{v_a}{(1/j\omega C_3)} = -\frac{v_0}{R_6} \tag{5・60}$$

式(5・60)より

$$v_a = -\frac{v_0}{j\omega C_3 R_6} \qquad (5\cdot 61)$$

を得る．また，式 (5·59) を整理すると

$$\frac{v_1}{R_1} = \left\{\left(\frac{1}{R_1}+\frac{1}{R_5}\right)+j\omega(C_2+C_3)\right\} v_a - j\omega C_2 v_0$$

となり，これに式 (5·61) を代入すると次のようになる．

$$\frac{v_1}{R_1} = \left\{\left(\frac{1}{R_1}+\frac{1}{R_5}\right)+j\omega(C_2+C_3)\right\}\left(-\frac{v_0}{j\omega C_3 R_6}\right) - j\omega C_2 v_0$$

$$= -\frac{\left(\frac{1}{R_1}+\frac{1}{R_5}\right)+j\omega(C_2+C_3)+j\omega C_2 j\omega C_3 R_6}{j\omega C_3 R_6} v_0$$

したがって，伝達関数は

$$G(s) = \frac{v_0(s)}{v_1(s)} = \frac{-\frac{1}{R_1 C_2}s}{s^2+s\left(\frac{1}{R_6 C_3}+\frac{1}{R_6 C_2}\right)+\frac{1}{R_6 C_2 C_3}\left(\frac{1}{R_1}+\frac{1}{R_5}\right)} \qquad (5\cdot 62)$$

となる．式 (5·46) と式 (5·62) とを比較して

$$\left.\begin{aligned} \omega_0 &= \frac{\sqrt{1+\frac{R_5}{R_1}}}{\sqrt{R_5 R_6 C_2 C_3}} \\ \frac{1}{Q} &= \frac{\sqrt{\frac{R_5 C_2}{R_6 C_3}}+\sqrt{\frac{R_5 C_3}{R_6 C_2}}}{\sqrt{1+\frac{R_5}{R_1}}} \\ H_0 &= \frac{\frac{R_6}{R_1}}{1+\frac{C_2}{C_3}} \end{aligned}\right\} \qquad (5\cdot 63)$$

を得る．ここで，$C_2=C_3=C$ にとり，式 (5·63) を解いて，R_1, R_5 および R_6 を求めると

$$\left.\begin{aligned} R_1 &= \frac{Q}{\omega_0 C H_0} \\ R_5 &= \frac{Q}{(2Q^2-H_0)\omega_0 C} \\ R_6 &= \frac{2Q}{\omega_0 C} \end{aligned}\right\} \qquad (5\cdot 64)$$

となる．これらの式に与えられた数値を代入して計算すると，R_1, R_5 および R_6 は次のように求められる．

$$R_1 = \frac{2}{10^4\times 0.01\times 10^{-6}\times 2} = 10\ \mathrm{k}\Omega$$

$$R_5=\frac{2}{(2\times 2^2-2)\times 10^4\times 0.01\times 10^{-6}}=3.33\,\mathrm{k}\Omega$$

$$R_6=\frac{2\times 2}{10^4\times 0.01\times 10^{-6}}=40\,\mathrm{k}\Omega$$

練　習　問　題

1. 図 5·2 の LPF において，$f_c=2\,\mathrm{kHz}$ および $R=10\,\mathrm{k}\Omega$ である．この LPF の C の値を求めよ．

2. 図 5·13 の回路において，オペアンプ回路の利得が A である場合の伝達関数を求めよ．ただし，オペアンプの入力抵抗は無限大とする．

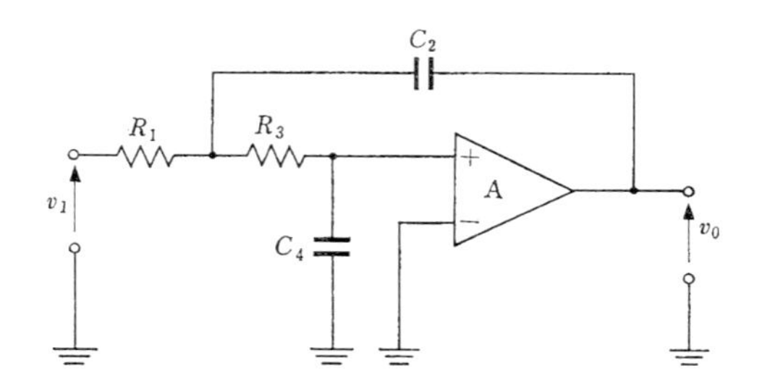

図 5・13　2次低域通過アクティブフィルタ

3. 例題 5·3 において，オペアンプの利得が A，入力抵抗が R_i である場合の伝達関数を求めよ．

4. 図 5·6 の HPF において，$C=0.002\,\mu\mathrm{F}$ および $f_c=10\,\mathrm{kHz}$ である．この HPF の R の値を求めよ．

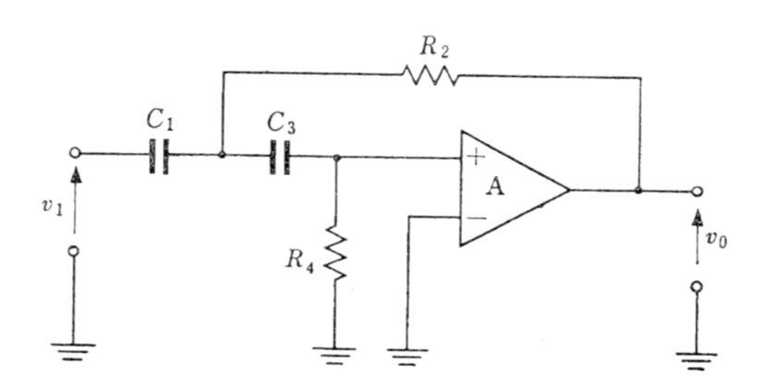

図 5・14　2次高域通過アクティブフィルタ

5. 図 5·14 の回路において，オペアンプ回路の利得が A である場合の伝達関数を求めよ．ただし，オペアンプの入力抵抗は無限大とする．

6. 例題 5·4 において，オペアンプの利得が A，入力抵抗が R_i である場合の伝達関数を求めよ．

練習問題解答

1 章

1. （a） $I_i = 0.1\,\mathrm{mA}$，（b） $V_0 = -10\,\mathrm{V}$，（c） $A_{fb} = -10$
2. （a） $I_l = 0.4\,\mathrm{mA}$，（b） $I_0 = 0.5\,\mathrm{mA}$
3. $\beta = 0.01$，$A_{fb} = 99.66$，$A_0 = 29703$，$R_{if} = 88.8\,\mathrm{M\Omega}$，$R_{0f} = 1.68\,\Omega$
4. （a） $A_{fb} = -33.32$，（b） $R_{if} = 30.01\,\mathrm{k\Omega}$，$R_{0f} = 0.753\,\Omega$
5. （a） $A_{fb} = 2$，（b） $A_{fb} = 1$
6. $R_1 = 10.53\,\mathrm{k\Omega}$
7. A_{0l} が無限大のとき $A_{fb} = 101$，A_{0l} が 1 200 のとき $A_{fb} = 93.2$
8. A_{0l} が無限大のとき $A_{fb} = 11$，A_{0l} が 1 200 のとき $A_{fb} = 10.9$
9. $\beta = 0.0099$，$A_{fb} = 100.44$，$R_{if} = 39.8\,\mathrm{M\Omega}$，$R_{0f} = 5.52\,\Omega$
10. $R_{0f} = 54\,\Omega$
11. （a） $A_{fb} = 20.6$，（b） $R_{if} = 11.5\,\mathrm{M\Omega}$，（c） $R_{0f} = 54\,\Omega$
12. $A_{fb} = 0.99989$，$R_{if} = 2\,000\,\mathrm{M\Omega}$，$R_{0f} = 0.1\,\Omega$

2 章

1. $R_a = 133.33\,\Omega$，$R_2 = 8.956\,\mathrm{k\Omega}$
2. $R_s = 9.524\,\mathrm{k\Omega}$，$R_a = 93.3\,\Omega$，$R_b = 9430.7\,\Omega$
3. $E = 406\,\mathrm{mV}$
4. $E_i = 27.067\,\mathrm{mV}$
5. $E_i = 27\,\mathrm{mV}$
6. $I_{B1} = -100\,\mathrm{nA}$，$I_{B2} = -130\,\mathrm{nA}$，$I_{0S} = -30\,\mathrm{nA}$
7. $A_{fb} = 26.29$
8. $A = 2425.4$
9. $A = \dfrac{10^4}{1 + j(f/5307855.4)}$，$f_1 = 5307855.4\,\mathrm{Hz}$
10. 例題 2·15 参照
11. ループ利得 = 99，しゃ断周波数 = 1 MHz
12. （a） $A_{fb} = 2$，（b） $BW = 133.33\,\mathrm{kHz}$
13. $R_c = 326.5\,\Omega$，$C_c = 0.024\,\mu\mathrm{F}$

14. $V_p = 15.92$ V

3 章

1. $v_0 = 0.83$ V
2. $R_1 = 200$ kΩ, $R_2 = 333$ kΩ, $R_3 = 100$ kΩ
3. $v_0 = -0.2$ V
4. $R_x = 15$ kΩ, $v_0 = 12.5$ V
5. (a) $v_0 = -2.25\times 10^{-4}$ V, (b) $v_0 = -2.7\times 10^{-7}$ V, (c) $v_0 = -0.06$ V
6. $v_0 = -5t$
7. $v_0 = -100t$, (a) $v_0 = -0.5$ V, (b) $v_0 = -10$ V
8. $L_s = \dfrac{200}{10^{-6}+\omega^2}$, $Q = \dfrac{100\omega}{0.1-\omega^2}$
9. $L_s = \dfrac{9\times 10^7}{10^4+\omega^2}$, $Q = \dfrac{90\omega}{10^3+\omega^2}$
10. $\omega_0 = 20$ rad/s すなわち $f_0 = 3.18$ Hz, $L_s = 0.95$ H
11. 周波数範囲 $10 < \omega < 50\,000$, $L_s = \dfrac{1}{1+4\times 10^{-10}\omega^2}$, $Q = \dfrac{\omega}{10+2\times 10^{-5}\omega^2}$
12. 周波数範囲 $1\,000 < \omega < 5\times 10^5$, $L_s = \dfrac{2.5\times 10^9}{2.5\times 10^{11}+\omega^2}$, $Q = \dfrac{\omega}{1\,000+2\times 10^{-6}\omega^2}$
13. $L_s = 1\,000$ H, $Q = 157$
14. $C_s = 0.0101$ μF, $\tan\delta = 10^{-6}\times\omega$
15. $C_p = 0.01$ μF, $\tan\delta = 10^5/\omega$

4 章

1. $V_0 = 0.18$ V
2. $R_1 = 100$ kΩ, $V_0 = 0.18$ V
3. $V_0 = 37.6$ mV
4. $V_0 = 2$ V
5. $R_1 = 50$ kΩ
6. $V_0 = 10$ V
7. $R_D = 1$ kΩ
8. $R_1 = R_2 = 530$ kΩ, $R_3 = 1$ MΩ, $R_4 = 500$ kΩ
9. $R_f = 238.3$ kΩ, $f_0 = 33.949$ kHz
10. 周期 $= 1.538$ μs, パルス幅 $= 0.769$ μs
11. パルス幅 $= 0.69$ μs
12. $T_2 = R_3 C_1 \ln \dfrac{(R_1+R_2)\ V_{0\max}^{+} - R_1\ V_{0\max}^{-})}{(R_1+R_2)\ (V_{0\max}^{+} - V_f)}$

5 章

1. $C = 0.00796\ \mu\text{F}$

2. $$G(s) = \frac{\dfrac{A}{R_1R_3C_2C_4}}{s^2 + s\left(\dfrac{1}{R_3C_4} + \dfrac{1}{R_1C_2} + \dfrac{1}{R_3C_2} - \dfrac{A}{R_3C_4}\right) + \dfrac{1}{R_1R_3C_2C_4}}$$

3. $$G(s) = \frac{-\dfrac{1}{R_1R_3C_2C_5}\quad\dfrac{A}{1+A}}{s^2 + s\left\{\dfrac{1}{C_2}\left(\dfrac{1}{R_1} + \dfrac{1}{R_3} + \dfrac{1}{R_4}\right) + \dfrac{1}{(1+A)C_5}\left(\dfrac{1}{R_3} + \dfrac{1}{R_i}\right)\right\} + \dfrac{1}{(1+A)C_2C_5}\left(\dfrac{1}{R_1R_3} + \dfrac{1}{R_3R_4} + \dfrac{1}{R_1R_i} + \dfrac{1}{R_3R_i} + \dfrac{1}{R_4R_i} + \dfrac{A}{R_3R_4}\right)}$$

4. $R = 7.96\ \text{k}\Omega$

5. $$G(s) = \frac{s^2A}{s^2 + s\left(\dfrac{1}{R_2C_1} + \dfrac{1}{R_4C_3} + \dfrac{1}{R_4C_1} - \dfrac{A}{R_2C_1}\right) + \dfrac{1}{R_2R_4C_1C_3}}$$

6. $$G(s) = \frac{sA}{s + \dfrac{1}{C}\left(\dfrac{1}{R} + \dfrac{1}{R_i}\right)}$$

参　考　書

角田秀夫：オペアンプの基本と応用，東京電機大学出版局

永田　穰：IC 演算増幅器とその応用，日刊工業新聞社

丹野頼元：電子回路，森北出版株式会社

J. G. Graeme, G. E. Tobey & L. P. Huelsman: Operational Amplifiers Design and Applications, McGraw-Hill Book Company

G. J. Deboo & C. N. Burrous: Integrated Circuits and Semiconductor Devices, McGraw-Hill Book Company

E. R. Hnatek: Applications of Linear Integrated Circuits, John Wiley & Sons

W. H. Cornetet & F. E. Battocletti: Electronic Circuits by System and Computer Analysis, McGraw-Hill Book Company

J. A. Connelly: Analog Integrated Circuits, John Wiley & Sons

D. J. Hamilton & W. G. Howard: Basic Integrated Circuit Engineering, McGraw-Hill Book Company

L. M. Faulkenberry: An Introduction to Operational Amplifiers, John Wiley & Sons

D. A. Bell: Solid State Pulse Circuits, Reston Publishing Company, Inc.

J. V. Wait, L. P. Huelsman & G. A. Korni: Introduction to Operational Amplifier Theory and Applications, McGraw-Hill Company

R. F. Coughlin & F. F. Driscoll: Operational Amplifiers and Linear Integrated Circuits, Prentice Hall, Inc.

Miklós Herpy: Analog Integrated Circuits, John Wiley & Sons

柳沢　健：IC 応用ハンドブック，昭晃堂

さくいん

た 行

な 行

は 行

ま 行

や 行

ら 行

わ 行

著 者 略 歴

丹野　頼元
1952年　東北大学工学部通信工学科卒業
1966年　信州大学工学部電子工学科教授
1994年　信州大学名誉教授
1995年　新潟工科大学教授
現在に至る．
(1975年 カリフォルニア大学（デービス）客員教授)
工学博士

電子回路演習シリーズ 1
演習オペアンプ回路

1982年 10月 25日　第1版第1刷発行
1998年 4月 27日　第1版第10刷発行

定価はカバー・ケースに表示してあります．

検印省略

著者　丹野頼元（たんの よりもと）
発行者　森北肇
印刷者　小笠原長利

発行所　森北出版株式会社
東京都千代田区富士見 1-4-11
電話 東京 (3265) 8341 (代表)
FAX 東京 (3264) 8709

日本書籍出版協会・自然科学書協会・工学書協会　会員

落丁・乱丁本はお取替えいたします　　印刷　秀好堂印刷／製本　長山製本

ISBN 4-627-76010-8／Printed in Japan

演習 オペアンプ回路

2019年6月14日　発行

著　者　丹野頼元
発行者　森北博巳
発行所　森北出版株式会社
東京都千代田区富士見1-4-11（〒102-0071）
電話 03-3265-8341／FAX 03-3264-8709
https://www.morikita.co.jp

印刷・製本　大日本印刷

ISBN978-4-627-76019-6／Printed in Japan